Nelson Orlando Álvarez Nicoliello

Anelídeo comum

Nelson Orlando Álvarez Nicoliello

Anelídeo comum

Utilização de minhocas (lumbricus terrestris l.) para a produção de húmus

ScienciaScripts

Imprint
Any brand names and product names mentioned in this book are subject to trademark, brand or patent protection and are trademarks or registered trademarks of their respective holders. The use of brand names, product names, common names, trade names, product descriptions etc. even without a particular marking in this work is in no way to be construed to mean that such names may be regarded as unrestricted in respect of trademark and brand protection legislation and could thus be used by anyone.

Cover image: www.ingimage.com

This book is a translation from the original published under ISBN 978-613-9-43828-0.

Publisher:
Sciencia Scripts
is a trademark of
Dodo Books Indian Ocean Ltd. and OmniScriptum S.R.L publishing group

120 High Road, East Finchley, London, N2 9ED, United Kingdom
Str. Armeneasca 28/1, office 1, Chisinau MD-2012, Republic of Moldova, Europe
Printed at: see last page
ISBN: 978-620-8-14304-6

ÍNDICE

1. INTRODUÇÃO

A agroecologia, como ciência da ecologia aplicada à agricultura, distingue-se pelo reconhecimento da avaliação social e ecológica e da inseparabilidade dos sistemas sociais e ecológicos. Na Venezuela, desde 1999, o desenvolvimento deste ramo foi impulsionado pela aprovação da nova constituição nacional, que inclui a proteção da natureza e, no seu artigo 305, o seguinte texto: O Estado promoverá e desenvolverá a agroecologia como base estratégica para o desenvolvimento rural integral, a fim de garantir a segurança e a soberania alimentar da população, entendida como a disponibilidade suficiente e estável de alimentos a nível nacional e o acesso oportuno e permanente a eles por parte do público consumidor.O uso de fertilizantes químicos como fornecedores de nutrientes agrícolas tem sido consideravelmente reduzido, devido ao alto preço que eles têm no mercado mundial e também devido à tendência internacional de reduzir a quimificação na agricultura, que causa poluição ambiental (Almaguer et al., 2012). Uma das formas mais utilizadas para resolver este problema é a utilização de fertilizantes orgânicos que podem substituir parcial ou totalmente a fertilização mineral. O húmus produzido pelas minhocas possui um conjunto de propriedades físicas, químicas e biológicas que o tornam ideal como fertilizante orgânico, uma vez que melhora a estrutura do solo, aumenta a retenção de água, facilita a absorção de nutrientes pelas plantas e estimula o seu crescimento e desenvolvimento, entre outras funções (Hartwigsen e Evans, 2000; Eyheraguibel et al., 2008). Tradicionalmente, Eisenia foetida S. (vermelha californiana) e Eudrilus eugeneae K. (vermelha africana) têm sido as espécies mais utilizadas na vermicultura e vermicompostagem devido à sua capacidade de colonizar naturalmente os resíduos orgânicos, à sua elevada taxa de consumo, digestão e assimilação de matéria orgânica, à sua capacidade de tolerar uma vasta gama de condições ambientais e à sua elevada taxa de reprodução. No entanto, os estudos de Gajalakshmi et al. (2001) e Tripathi e Bhardwaj (2004) mostram a possibilidade de utilizar espécies anécicas locais na produção de vermicomposto em vez de espécies exóticas. Para isso, é importante criar condições ambientais adequadas para que as minhocas se adaptem e expressem todas as suas potencialidades, permitindo a produção de húmus de boa qualidade. Entre as espécies com potencial está a minhoca comum (Lombricus terrestris L.), de grande porte e cosmopolita, que requer condições ótimas para sua adaptação às condições de confinamento e para a obtenção de rendimentos aceitáveis de húmus. Fuentes (1987) sugere a necessidade de construir instalações dispendiosas, para evitar que os indivíduos, devido à sua tendência natural, abandonem o local onde foram inicialmente instalados, entre outras razões, apesar de estarem presentes em qualquer quintal ou quinta venezuelana. Tendo em conta o acima exposto ver acima a seguinte

problema científico:

Desconhece-se o potencial da minhoca autóctone do Setor Guamita-Pernal, Estado de Cojedes, República Bolivariana da Venezuela, para a sua adaptação a condições de confinamento e produção de húmus com qualidade aceitável.

Hipótese

Se forem criadas as condições adequadas de humidade, temperatura e qualidade do substrato para a minhoca comum nativa do Setor Guamita-Pernal, será possível conseguir a adaptação dos indivíduos, o seu crescimento e desenvolvimento, bem como a obtenção de húmus de qualidade aceitável.

Objetivo geral

Avaliar o potencial da minhoca autóctone do sector La Guamita-Pernal quanto à sua adaptabilidade às condições de confinamento e à produção de húmus a partir de diferentes substratos.

Objectivos específicos:

1. Estabelecer condições adequadas de temperatura, humidade, substrato e densidade de indivíduos, que permitam à minhoca autóctone adaptar-se às condições de confinamento.
2. Avaliar o crescimento e o desenvolvimento das minhocas com base em indicadores populacionais.
3. Caracterizar o húmus produzido a partir de diferentes excrementos animais por métodos químicos e físico-mecânicos.
4. Determinar a qualidade fitossanitária do húmus obtido.
5. Avaliar a viabilidade económica da produção de húmus com minhocas autóctones.

2. REVISÃO DA LITERATURA

2.1. Agricultura sustentável

De acordo com González (2002), a Agricultura Sustentável distingue-se pela aplicação de elevadas quantidades de matéria orgânica no apoio à nutrição das plantas e na gestão da conservação da fertilidade do solo. A fertilização orgânica pode ser uma forma económica e ecologicamente eficaz de reduzir a dependência dos fertilizantes químicos, que fornecem elementos diretamente assimiláveis pelas plantas; no entanto, podem ter efeitos secundários indesejáveis, como a eliminação de bactérias e microrganismos que têm a função de tornar os diferentes elementos do solo assimiláveis para a nutrição das plantas, contaminar o ambiente e podem afetar a saúde das pessoas e dos animais devido ao seu uso excessivo (Mulet del Pozo et al., 2008).
A agricultura biológica, por outro lado, tem entre as suas vantagens mais significativas a de melhorar a qualidade orgânica e a atividade biológica do solo, facilitar a penetração da água, aumentar a retenção de água e reduzir os custos de produção através da redução do preço dos fertilizantes utilizados. Uma das fontes orgânicas com maiores perspectivas de utilização é a obtida a partir da transformação de resíduos sólidos orgânicos por meio da minhoca (Almaguer, 2012). Com a implementação da agricultura orgânica, foram desenvolvidos diferentes tipos de adubos orgânicos, que são obtidos de acordo com a sua origem de formação, pela natureza ou pelo trabalho do homem. Os tipos mais conhecidos de adubos orgânicos são os constituídos por resíduos de culturas, estrume animal, cinzas, cachaça, adubos naturais, compostos, adubos verdes, adubos líquidos e húmus de minhoca (Figueroa, 2002; Téllez, 2007).

2.2. Importância da matéria orgânica

Primavessi (1990) define a matéria orgânica como todas as substâncias mortas de plantas, microrganismos, excreções de animais (da fauna terrestre, tanto micro como macro fauna), que se sobrepõem ao solo mineral em ambientes naturais e que, sob a ação de factores edafoclimáticos e biológicos, estão sujeitas a um processo constante de transformação. De acordo com Zuñiga (2000), a fonte original de matéria orgânica no solo são os restos de plantas e animais em diferentes estados de decomposição, bem como a biomassa microbiana.Meléndez (2003) considera a matéria orgânica do solo (MOS) como um contínuo de compostos heterogéneos à base de carbono, que se formam pela acumulação de materiais parcial ou totalmente decompostos de origem animal e vegetal em constante estado de decomposição, de substâncias sintetizadas por microrganismos e/ou quimicamente, de todos os microrganismos vivos e mortos e de pequenos animais que ainda não se decompuseram. Estima-se que a composição da matéria orgânica no ambiente do solo é definida como 10 % de hidratos de carbono; 10 % de compostos azotados, incluindo proteínas, péptidos, aminoácidos, aminoaçúcares, purinas, pirimidinas, 15 % de gorduras, ceras, resinas e 65 % de substâncias húmicas. Estas percentagens são variáveis e dependem muito de numerosos factores externos e internos (Schnitzer, 1990). A matéria orgânica é um dos factores mais importantes para manter a produtividade do solo de forma sustentada e determina a fertilidade do solo. A utilização de fertilizantes orgânicos como alternativa agrícola, surge como um complemento e para satisfazer a necessidade de repor nos solos, pelo menos em parte, o que deles é extraído através da produção agrícola (Otero, 2010). A importância da matéria orgânica deriva da sua intervenção em processos importantes como a fertilização do solo, uma vez que melhora a agregação das partículas, a absorção de água e o teor de ar, reduz o escoamento superficial (Bellapart, 1996), facilita a mobilização e o desenvolvimento radicular (Honorato, 1993), aumenta a capacidade de troca catiónica e a resistência a alterações do pH do solo (Honorato, 1993; Guerrero, 1996; Bollo, 1999). A matéria orgânica é também importante no desenvolvimento e nas transformações efectuadas pelos organismos do solo (Guerrero, 1996) e favorece o controlo biológico de pragas e doenças. Para além dos seus efeitos nas propriedades físicas, químicas e biológicas do solo, a matéria orgânica é um material fertilizante de ação lenta (Bellapart, 1996; Bollo, 1999) e dá origem a ciclos biológicos de nutrientes no solo. Além disso, os aportes de matéria orgânica são fundamentais para a manutenção e a fertilidade do solo a longo prazo (Chaney et al., 1992; Bohn et al., 1993; Porta et al., 2003; Armenta, 2006). A bioestrutura e toda a produtividade do solo baseiam-se na presença de matéria orgânica em decomposição ou humificada, que desempenha um papel importante na retenção da humidade, uma vez que o solo retém apenas ½ a 1½ partes de água, enquanto a matéria orgânica (estrume) retém 3/4 partes (Neugebawer, 1992).

2.3. A utilização de estrume como fertilizante orgânico

2.3.1. Composição dos fertilizantes orgânicos

Um fertilizante é geralmente considerado como um material que é aplicado ao solo e estimula o crescimento das plantas indiretamente, melhorando as propriedades físico-químicas e biológicas do solo. Por outro lado, um material é considerado um fertilizante quando estimula o crescimento de forma direta, fornecendo nutrientes essenciais às plantas. O quadro 1 apresenta os resultados das análises químicas dos principais fertilizantes orgânicos utilizados na agricultura. Expressa valores médios, que podem servir de referência para a avaliação dos fertilizantes orgânicos, mas não devem ser tomados como definitivos, pois podem variar de acordo com a sua origem.

Quadro 1. Caraterísticas dos fertilizantes orgânicos mais utilizados na agricultura (González et al., 2002).

Análise	Tipo de fertilizante orgânico			
	Estrume de ovelhas	Galinha Galinha	Estrume Bovino	Húmus de minhoca
Humidade (%)	61,60	75,00	54,00	56-60
Rácio (C/N)	15:1	22:1	15:03	14:10
M.O. (%)	21,12	15,54	46,1	51,2
N (%)	0,82	0,70	2,18	2,11
P2 O5 (%)	0,21	1,03	0,98	0,81
K2 O (%)	0,84	0,49	1,02	1,53

Conceção: Álvarez (2013)

As caraterísticas dos estrumes orgânicos são determinadas pelo seu teor de matéria orgânica, pela natureza dos materiais envolvidos na sua formação e pelo processo de fermentação e decomposição a que os resíduos orgânicos foram sujeitos. A composição química dos estrumes varia consoante a alimentação dos animais. No entanto, o azoto é um dos nutrientes mais abundantes encontrados na maioria dos estrumes (Miller e Donahue, 1995). De acordo com Van Horn (1995), o composto de estrume de bovinos tem uma composição semelhante à da fonte de onde provém, sendo que algum do azoto se perde durante o processo de compostagem e os elementos menores tendem a concentrar-se devido à perda de carbono, oxigénio e hidrogénio para a atmosfera. No entanto, a matéria orgânica fornecida pelo estrume contém quantidades apreciáveis de azoto, que pode ser utilizado pela planta durante muito tempo, e o potássio, o fósforo e o cálcio contidos no estrume são considerados em quantidades mais ou menos suficientes e assimiláveis em resultado da atividade microbiana.

A composição mineral do estrume sólido é notavelmente heterogénea; é um fertilizante composto de natureza organo-mineral, rico em matéria orgânica com um baixo teor de elementos minerais (Labrador, 2001). O azoto encontra-se quase exclusivamente na forma orgânica e necessita de uma mineralização prévia para ser assimilado pelas culturas. Em geral, caracterizam-se por um baixo teor de azoto amoniacal, de fósforo e de potássio, que se encontram aproximadamente a 50% na forma orgânica e mineral. Além disso, contêm grandes quantidades de oligoelementos e substâncias fisiologicamente activas, como hormonas, vitaminas e antibióticos, bem como uma grande população de microrganismos.

2.3.2. Importância para o desenvolvimento das plantas

Está demonstrado que a utilização de adubos orgânicos, obtidos a partir de resíduos orgânicos provenientes das explorações agrícolas ou do seu meio envolvente, contribui para eliminar a poluição ambiental produzida quando estes são depositados no meio ambiente e aumenta o rendimento de várias espécies, substituindo parcial ou totalmente os adubos minerais (Pérez et al., 1997; González et al., 2002). Os adubos orgânicos devem ter um teor equilibrado de nutrientes N, P, K, Ca e Mg, de modo a que, quando utilizados, melhorem a fertilidade do solo e beneficiem o estado nutricional das plantas. Por outro lado, não devem conter substâncias que acidifiquem ou alcalinizem os solos e que possam afetar o desenvolvimento normal das culturas. Peña (2002) atribui outras funções aos adubos orgânicos, entre as quais a maior rentabilidade proporcionada pelo sistema agrícola, ao reduzir consideravelmente os padrões de irrigação, devido à sua contribuição para a maior retenção de humidade no solo, reduzindo assim os custos de produção. Caballero et al. (2000) estudaram o efeito dos adubos orgânicos e determinaram que a utilização de 10 kg/m² de estrume de vaca e 0,6 kg/m² de húmus de minhoca, aplicados separadamente a cada duas colheitas durante uma rotação de seis hortaliças, aumentaram os rendimentos em mais de 20 kg/m² e aumentaram os teores de P O_{25} , K_2 O, bem como a percentagem de matéria orgânica no solo.

2.4. A vermicultura

Tineo (1991), define a vermicultura como: "a criação e manejo de minhocas em condições de cativeiro"; com o objetivo básico de obter dois produtos de grande importância para o homem: o húmus como adubo, emenda para uso agrícola e a proteína (carne fresca ou farinha), como suplemento para rações animais. Por conseguinte, todas as diferentes operações relacionadas com a criação e a gestão de minhocas são designadas por vermicultura.

O número de espécies de minhocas descritas até à data é muito elevado; de acordo com Reynolds e Wetzel (2010), existem aproximadamente 8302 espécies e, em média, são descritas 68 novas espécies por ano. Para a maioria destas espécies, apenas se conhece o género a que pertencem e a sua descrição morfológica, sendo os seus ciclos de vida e ecologia completamente desconhecidos. As minhocas representam a maior biomassa animal edáfica na maioria dos ecossistemas terrestres temperados (Pérez-Losada et al., 2012). Estes organismos modificam as propriedades físicas do solo, como a agregação, a estabilidade e a porosidade através da escavação de galerias (Lavelle e Spain, 2001), e as propriedades químicas e biológicas, como a taxa de decomposição da matéria orgânica, a disponibilidade de nutrientes, bem como a composição e a atividade dos microrganismos do solo e de outros invertebrados do solo (Domínguez et al., 2004, 2010; Lores et al., 2006, Monroy et al., 2008).

Apesar do desenvolvimento da vermicompostagem, nas últimas décadas o conhecimento sobre as interações que se estabelecem durante o processo de humificação é ainda insuficiente, sendo necessários estudos multidisciplinares para compreender os mecanismos biológicos que regem a vermicompostagem, um processo aeróbio de degradação e tratamento de resíduos orgânicos, baseado na ação conjunta e sinérgica de algumas espécies de minhocas e microrganismos do solo (Domínguez, 2004).

Atualmente, é necessário desenvolver tecnologias adequadas para a produção de compostos orgânicos de boa qualidade, que permitam a sua comercialização e utilização correta na agricultura. Para tal, são necessários, entre outros, métodos de avaliação da qualidade dos fertilizantes orgânicos, nomeadamente os que estimam as concentrações de elementos disponíveis para as plantas.

2.4.1. Húmus de minhocas

A palavra húmus remonta a 2000 a.C. e o termo é utilizado desde a civilização grega. Para eles, o húmus era a matéria orgânica castanha escura de consistência patogénica resultante da decomposição dos restos vegetais e animais concentrados no solo (Teofrasto 372-287 a.C. citado por Fernández et al., 2003). No processo de humificação ocorrem reacções de oxidação e estabilização dos substratos orgânicos através da ação decompositora conjunta de minhocas e microrganismos, que o convertem num material humificado e mineralizado (Domínguez et al., 1997; Bollo, 1999).

Os resíduos de minhocas têm uma elevada riqueza de flora bacteriana de $2x10^{12}$ colónias por grama de húmus produzido, em comparação com as poucas centenas de milhões presentes na mesma quantidade de estrume fermentado. Este facto permite a produção de enzimas importantes para a evolução da matéria orgânica quando este material é aplicado no solo (Ferruzi, 1986). O húmus de minhoca é composto por C, O_2 , N, além de macro e micro nutrientes em diferentes proporções, tais como: Ca, K, Fe, Mn e Zn, entre outros. O teor final por tonelada de material dependerá basicamente da fonte de origem e da humidade do material no final do processo (Fraile e Obando, 1994).

2.4.2. Propriedades e utilizações

O uso do húmus de minhoca está ligado às suas propriedades físicas, químicas e biológicas e é o adubo orgânico mais conhecido no mercado agroecológico. Sua composição depende do substrato em que as minhocas se alimentam, utilizando resíduos orgânicos de origem animal ou vegetal (Schuldt, 2006). A sua utilização representa uma alternativa ecológica e económica ao reduzir a quantidade de resíduos orgânicos urbanos, agro-industriais e pecuários (Altamirano, 2010). Este fertilizante natural corresponde à matéria orgânica do solo em estado mais ou menos avançado de estabilização e é constituído por ácidos húmicos, fúlvicos e humina. Apresenta caraterísticas físicas e químicas que têm efeitos positivos no solo e na planta, nomeadamente: melhorar a estrutura do solo, melhorar a retenção de humidade, facilitar a absorção de nutrientes e estimular o crescimento e o desenvolvimento da planta (Mackowiak et al., 2000; Hartwigsen e Evans, 2000; Eyheraguibel et al., 2008). A matéria orgânica é uma parte fundamental do processo de vermicompostagem, pois é o alimento para as minhocas. A norma mexicana NMX-FF-109-SCFI-2007 estima um valor entre 20 % e 50 % de matéria orgânica numa base seca (Garg et al., 2006) e relata um teor mais elevado em tratamentos que contêm estrume de gado (29,72%) em comparação com resíduos vegetais (23,03%). Delgado et al. (2004) também registaram quantidades mais elevadas de matéria orgânica nos tratamentos que continham estrume de cavalo (44,9%) em relação às lamas de depuração (37,5%).

O húmus resultante da decomposição de resíduos orgânicos com baixa relação C/N e baixo teor de lenhina é mais solto e friável em comparação com o composto obtido a partir de resíduos vegetais ricos em lenhina e com uma relação C/N muito elevada. A utilização do vermicomposto é muito variada, podendo ser utilizado como corretor de solos ou também como substrato para o crescimento de plantas, na germinação de sementes, como suporte para inoculantes microbianos, material com capacidade para suprimir fitopatógenos, para biogenerar solos degradados e até para biorrecuperar solos contaminados em estufas ou viveiros (Suthar, 2009).

Ortiz e Campos (2002) assinalam que o húmus de minhoca é um fertilizante orgânico de extraordinária qualidade, que demonstrou ter um efeito positivo no rendimento e na melhoria dos solos ferríticos, com rendimentos de 987 toneladas de húmus de minhoca.

2.5. A minhoca de

2.5.1. Classificação taxonómica

A morfologia externa e interna é utilizada na sistemática para classificar as diferentes espécies de vermes. Os parâmetros utilizados na classificação com base na morfologia externa são: número de chetas, número de segmentos do corpo, posição do clitelo em relação ao prostómio e as caraterísticas do prostómio.As espécies de maior interesse para a vermicultura são classificadas da seguinte forma de

acordo com Villee (Kooch et al., 2008; Abdullah e Saywack, 2011).
Reino: Animalia Filo: Annelida Classe: Clitellata Ordem: Hepatotoxida
Família: Lumbricidae
Género: Lumbricus, Eisenia

Espécies: Lumbricus terrestris L, Eisenia foetida S.

2.5.2. Habitat

As espécies de minhocas de interesse para a vermicultura são adaptáveis e podem viver e reproduzir-se em diferentes condições ecológicas. No entanto, como todos os organismos vivos, necessitam de condições bem definidas para o seu desenvolvimento ótimo, a maior parte das quais podem ser controladas pelo homem; estas são basicamente: temperatura, pH, humidade e alimentação adequada. O habitat natural das minhocas é o solo onde se encontram folhagens, troncos caídos e quase todos os materiais vegetais em estado de decomposição. decomposição. A sua principal fonte de alimento são os microrganismos que processam esta matéria orgânica; a sua presença, abundância e atividade são influenciadas pela distribuição deste substrato no solo. Do ponto de vista ecológico, as minhocas são classificadas em três categorias: epigeicas, endogeicas e anécicas, basicamente de acordo com as suas estratégias de alimentação e formação de galerias (Bouché, 1977; García, 2006). Epígeas: são minhocas que vivem na superfície do solo e se alimentam de folhagem. São muito móveis e têm uma musculatura de escavação pouco desenvolvida. Anécicas: alimentam-se de folhagem, que misturam com o solo dos horizontes superiores. Refugiam-se em túneis verticais semi-permanentes escavados no solo. São pigmentados na parte anterior do corpo e são geralmente castanhos escuros, grandes e com uma forte musculatura anterior. Endogénicos: vivem no solo e alimentam-se de matéria orgânica, bem como de raízes vivas ou mortas, e têm músculos de escavação bem desenvolvidos. De acordo com a utilização do recurso, podem ser classificados em: polihúmicos, mesohúmicos e oligohúmicos.

2.5.3. Caraterísticas gerais

A minhoca é um animal alongado, de corpo cilíndrico e anelado, cujo comprimento adulto varia entre 5 e 45 cm, consoante a espécie. O seu corpo está coberto por uma cutícula fina que o protege da secura e todos os seus anéis (segmentos ou metâmeros) são iguais, exceto o primeiro (prostómio), que contém a boca, e o último (pigídio), onde se encontra o ânus. Os anelídeos têm sistemas de órgãos, que estão incluídos na cavidade corporal ou celoma, contendo o líquido celómico ou sangue, que actua como um esqueleto e não é compressível. Na fase de maturidade sexual aparece uma zona de tecido glandular diferenciado denominada clitelo, que está relacionada com a reprodução e a postura do casulo (Mejías, 2002) (Figura 1).

Figura 1. Anatomia de uma minhoca mostrando os seus órgãos e estruturas corporais.

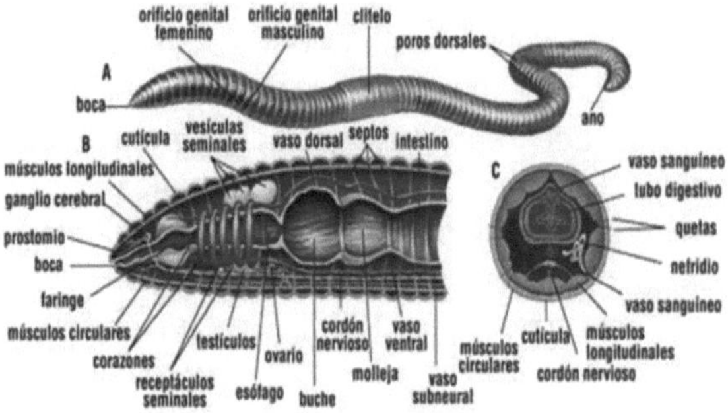

2.5.4. Ciclo e condições de vida

O ciclo de vida e as condições variam consoante a espécie. Em geral, em condições favoráveis, cada minhoca pode produzir dois casulos por semana, enquanto cada casulo pode dar origem a dois a 20 indivíduos que, após três meses, se transformam em minhocas sexualmente maduras. A partir daí, podem acasalar com um intervalo de sete dias e levam regularmente até 60 semanas para se reproduzirem. Assim, uma minhoca pode produzir aproximadamente 1500 descendentes num ano (Cuevas, 2005).

A Eisenia foetida atinge a maturidade sexual aos dois meses de idade, o que é indicado pelo aparecimento do clitelo. O acasalamento de dois vermes tem lugar com um intervalo mínimo de 7 dias entre si, a partir do qual se obtêm 1 ou 2 casulos para cada verme. Se as condições do meio forem óptimas, após 14 a 21 dias de incubação, o casulo eclode e nascem 2 a 9 minhocas (geralmente 2 a 4) que se alimentam imediatamente. As minhocas juvenis atingem a maturidade sexual entre 45 e 90 dias após a eclosão, consoante as condições de cultura. A Eudrilus eugeniae produz normalmente 1 a 2 casulos por semana, que eclodem em 15 a 30 dias, produzindo cada indivíduo 2 a 5 crias. Do mesmo modo, as minhocas atingem a maturidade entre 32 e 90 dias, consoante as condições de cultura. Como mencionado acima, as espécies de minhocas de interesse para a vermicultura são adaptáveis e podem viver e reproduzir-se em diferentes condições ecológicas. No entanto, como todos os organismos vivos, requerem condições bem definidas para o seu desenvolvimento ótimo, a maioria das quais pode ser controlada pelo homem; estas são principalmente a temperatura, o pH, a humidade e uma alimentação adequada. Quando as minhocas se encontram na gama óptima destes parâmetros, são capazes de viver, reproduzir-se e produzir húmus. Em condições desfavoráveis, as minhocas inicialmente apenas se alimentam, mas não se reproduzem, pelo que o crescimento da população pára e a produção de húmus diminui consequentemente. Se as condições de vida se tornarem mais adversas, as minhocas entram em dormência e alimentam-se apenas para sobreviver, mas não se reproduzem nem produzem húmus. Nestas condições de crescimento, só restarão as minhocas juvenis, mais resistentes que as adultas. Por último, condições extremas conduzem à morte iminente das minhocas. Com base no que precede, um agricultor com experiência suficiente na cultura, através da apreciação visual da população de minhocas, pode detetar qualquer problema que afecte o desenvolvimento da cultura e pode tomar as medidas necessárias para o resolver a tempo.

2.5.5. Inimigos naturais

O principal inimigo da minhoca é o homem. Na natureza, a utilização de herbicidas, pesticidas e adubos químicos provoca afecções e perturbações fisiológicas que conduzem à morte do indivíduo. Em condições de exploração agrícola, a presença de predadores é, na maioria dos casos, um indicador de uma gestão incorrecta por parte do minhocultor, geralmente com baixa humidade e camas muito ácidas.

Ratos, aves e rãs são os principais vertebrados que ameaçam as minhocas nos locais de criação. Podem ser controlados através da colocação de redes ou de coberturas protectoras arejadas sobre os canteiros. Nos países temperados, as toupeiras são muito perigosas e podem destruir culturas inteiras. Podem ser evitadas colocando a cama sobre lajes, lonas resistentes, redes metálicas com malhas muito estreitas, betão ou tijolos, de modo a construir um pavimento que impeça a passagem da toupeira.

Há um grande número de invertebrados que são predadores das minhocas, como as formigas, os ácaros, as tesourinhas, as centopeias, etc. As formigas podem causar danos consideráveis ao estabelecerem-se em colónias de alta densidade em canteiros com pouca humidade. Em geral, estes predadores são normalmente controlados mantendo a humidade do substrato acima de 80 % e um pH acima de 7,0. Nos países tropicais e subtropicais, a planária (Bipalium kewense Moseley) é, sem dúvida, a praga mais importante dos canteiros de flores. As unidades infestadas não podem, em caso algum, ceder crias a outras unidades até estarem plenamente convencidas de que foram erradicadas. As medidas de higiene para o pessoal e a limpeza dos utensílios devem ser realçadas para evitar a transferência da infestação para outras zonas. O aumento do pH do substrato para 7,5 a 8,0 pode controlar o parasita (Diaz, 2002).

2.5.6. Fauna associada

A decomposição da matéria orgânica inicia-se a partir do momento em que são formados depósitos com diferentes tipos de resíduos para a promoção da vermicultura. Muitos organismos participam neste processo e colonizam este substrato para se alimentarem da matéria orgânica ou para o utilizarem como abrigo. Um exemplo são os organismos detritívoros como as cochonilhas ou outros artrópodes que podem competir com as minhocas por alimento, mas sem causar danos diretos. Outros invertebrados e microrganismos que participam na decomposição do substrato orgânico estão associados a todas as culturas. É importante notar que, numa cultura corretamente gerida, nenhum dos organismos mencionados é capaz de competir ou causar danos significativos.

2.5.7. Principais espécies utilizadas na vermicultura

As espécies mais frequentemente utilizadas são: Eisenia foetida (vermelha californiana), Eudrilus eugeniae (vermelha africana), Eisenia andrei, Perionyx excavatus e Lumbricus rebellus (Mejías, 2000). Eisenia foetida S. ou minhoca vermelha californiana (Figura 2), tem sido a espécie mais utilizada na vermicultura. Na fase adulta, tem geralmente um comprimento entre 5 e 9 cm com um diâmetro entre 3 e 5 mm. Tem uma cor caraterística roxa ou vermelha escura e pode atingir 1 a 1,2 g de peso em condições óptimas. O número de segmentos varia entre 80 e 120, com uma média de 95. Quando adultos, apresentam um clitelo ou uma protuberância em forma de sela situada entre os segmentos 24 e 32.

A Eisenia foetida é uma minhoca extraordinariamente prolífica, muito viva e resistente ao stress (talvez como nenhuma outra), tendo-se verificado que produz húmus a densidades de 50 000 a 60 000 minhocas por metro quadrado, que nenhuma outra minhoca selvagem consegue suportar nestas condições. Esta espécie vive em cativeiro sem se mover da sua cama, amadurece sexualmente entre o segundo e o terceiro mês de vida. A cada sete a dez dias, deposita uma cápsula com um conteúdo médio de 10 ovos, podendo pôr até 20, que eclodem após 14 a 21 dias de incubação, dando origem a minhocas capazes de se mover e de se alimentar imediatamente (Mejías, 2000).

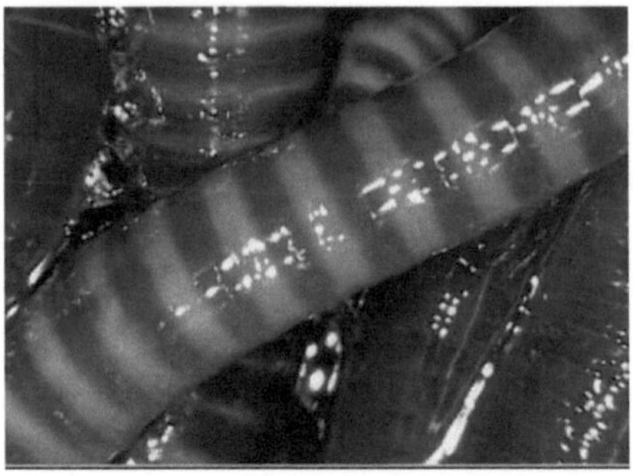

Figura 2. Eisenia foetida. Esquerda: grupo de indivíduos adultos. Direita: vermes com padrões de bandas coloridas caraterísticos de algumas populações.

Eudrilus eugeniae, ou minhoca vermelha africana (Figura 3), é outra espécie muito utilizada na produção de húmus. É maior do que a minhoca vermelha californiana e os indivíduos adultos atingem 15-20 cm. A sua cor é vermelho-púrpura escuro e pode pesar mais de 3 g. O seu clitelo está localizado mais perto do prostómio e tem uma cauda arredondada (pigídio).

Figura 3. Eudrilus eugeniae. Grupo de indivíduos adultos.

2.5.8. Importância das minhocas na decomposição da matéria orgânica

Entre as diferentes comunidades de organismos, o grupo que tem o maior efeito na modificação das propriedades físico-químicas e biológicas dos solos é a macrofauna e a megafauna, compreendendo todos os animais com tamanhos entre 2-20 mm e maiores que 20 mm, respetivamente, incluindo isópodes, anfípodes, quilópodes, diplópodes, coleópteros, aracnídeos e minhocas (Hernández et al., 2012). As

minhocas podem contribuir com até 70% da biomassa de invertebrados. De facto, em muitas savanas tropicais, as comunidades de minhocas desempenham um papel predominante e são importantes reguladores da estrutura do solo e da dinâmica da matéria orgânica (Decaëns et al., 2004).
Os efeitos benéficos das minhocas incluem:

• Melhoram algumas propriedades físicas do solo, tais como: estrutura, turbidez, capacidade de retenção de água, drenagem e formação e degradação de agregados (Blanchart et al., 1999).

• Provocam efeitos químicos e biológicos na degradação da matéria orgânica e no ciclo dos nutrientes, bem como na composição e atividade dos microrganismos do solo e de outros invertebrados (Lavelle e Spain, 2001).

Todos estes processos contribuem significativamente para a fertilidade do solo através da libertação de nutrientes (P e N) em formas disponíveis para as plantas, o que aumenta o crescimento das plantas e a produtividade das culturas (Chaoui et al., 2003, Jiménez et al., 2003, Baker, 2007). A decomposição natural dos resíduos orgânicos é um processo que leva tempo, pelo que a vermicompostagem é um mecanismo que contribui para acelerar este processo, sendo de grande importância a capacidade da minhoca como organismo adicional a estes sistemas biotecnológicos, Desde a antiguidade a minhoca era conhecida como "arado" ou "intestino da terra" (Aristóteles) e até ao final do século passado, na primeira edição do livro "A formação do húmus vegetal", Darwin explica o papel desempenhado pelas minhocas na transformação do solo (Luévano et al., 2001; Delgado et al., 2004). A matéria-prima utilizada na vermicompostagem são os resíduos orgânicos: estrume, restos de culturas, esgotos, resíduos domésticos, lamas, etc. Estes resíduos são decompostos em húmus rico em nutrientes (Moreno et al., 2005). A utilização de estrume na vermicompostagem é variável, pois são materiais muito heterogéneos devido à influência do grau de decomposição do material, do tipo de animal de que provêm, bem como do manuseamento dos animais e do estrume. Os resíduos de jardinagem ou de culturas podem ser enriquecidos com outros materiais cujo teor de nutrientes é mais favorável, por exemplo, estrume e urina (Sanchez et al., 2005). As minhocas preferem solos com abundância de argila e com elevado teor de matéria orgânica, sendo geralmente escassas tanto em solos arenosos como em solos fortemente ácidos. A capacidade das minhocas de penetrarem no solo para depositarem as suas excreções nas galerias que formam, tem uma influência favorável nas propriedades físicas do solo, favorecendo a formação de agregados estáveis. As minhocas asseguram o arejamento e favorecem a infiltração da água. Estima-se que 5 % do volume total dos solos agrícolas são perfurados, o que permite um aumento significativo da porosidade. Durante o seu movimento, as minhocas misturam a matéria orgânica com os componentes minerais do solo, o que cria condições favoráveis ao crescimento das plantas. Pode afirmar-se que as minhocas são verdadeiros agricultores naturais, capazes de lavrar e fertilizar o solo. A presença de minhocas e de excrementos de minhocas na superfície do solo é um sintoma da atividade e da fertilidade do sistema. As minhocas também influenciam as caraterísticas químicas do solo, porque uma vez que ingerem e digerem a matéria orgânica, depositam-na no solo, o que permite uma melhor distribuição dos nutrientes disponíveis para as plantas. Com o seu movimento, as minhocas redistribuem estes elementos e outros materiais da superfície para as profundezas do solo, e vice-versa. A população de minhocas nos solos aumenta consideravelmente em consequência da gestão conservacionista, principalmente com a introdução de sistemas de lavoura reduzida e pouco profunda, bem como com a rotação e a utilização de culturas de cobertura. Aumenta também com o aumento da fertilização orgânica e a diminuição do uso de agroquímicos. O número de galerias que as minhocas são capazes de abrir num solo depende da espécie, bem como das caraterísticas do solo, do tipo de lavoura utilizada e da aplicação de fertilizantes minerais e outros agroquímicos. Os excrementos das minhocas, que são compostos por um complexo de matéria orgânica e solo digerido, encontram-se normalmente à superfície do solo ou em galerias. Sabe-se que os excrementos das minhocas são compostos por uma elevada proporção de complexo húmus-argila, o que confere ao solo uma maior retenção de humidade e uma maior proteção contra a erosão. É geralmente considerado que, da complexa fauna do solo, a minhoca é o animal que consome a maior quantidade de matéria orgânica. Quando existe uma elevada concentração de minhocas no solo, os processos de mineralização e de síntese de húmus são acelerados, devido à ação dos microrganismos associados aos excrementos destes animais.

Entre as principais caraterísticas das minhocas que favorecem o

desenvolvimento de sistemas de vermicultura estão as seguintes:
• São omnipresentes e colonizam naturalmente vários resíduos orgânicos.

• Toleram uma ampla gama de temperaturas e humidade.

• São fortes, resistentes e fáceis de manusear.

• Têm uma taxa de reprodução elevada.

• São colonizadores eficazes de todos os tipos de ambientes ricos em matéria orgânica.

• Podem ser adaptados a viver em cativeiro sem escaparem da sua independentemente das condições climáticas e da altitude.
• Consomem diariamente uma quantidade de resíduos quase equivalente ao seu próprio peso.

3. MATERIAIS E MÉTODOS

3.1. Materiais

A matéria orgânica utilizada para a preparação do composto foi o estrume de vaca, o estrume de porca e o estrume de galinha, que foram obtidos a partir dos resíduos da quinta "Maríantonia" situada no sector de La Guamita, Estado de Cojedes, onde foram recolhidas as minhocas autóctones utilizadas para a obtenção do húmus.

3.2. Caraterísticas da zona experimental

A investigação foi realizada na fazenda integral Mariantonia, no sector "El pernal" de La Guamita, município de Tinaquillo, estado de Cojedes, na República Bolivariana da Venezuela, com as seguintes coordenadas geográficas: latitude norte 9° 50` 33,9" longitude oeste 68° 20' 54,9" e uma altitude de 401 ml/n.m. A região tem caraterísticas típicas dos trópicos (zona quente) com um clima subtropical chuvoso com temperaturas anuais entre 26 e 28°C. A precipitação média situa-se entre 1.600 e 1.100 mm, com uma estação seca de novembro a abril e uma estação chuvosa de maio a outubro. As taxas de evaporação mais elevadas ocorrem em fevereiro, março e abril. No resto do ano, mantêm-se uniformes. A humidade relativa média anual é de 62 %. A vegetação presente é constituída por espécies de floresta tropical seca.

3.3. Estudo do desenvolvimento da minhoca autóctone em diferentes substratos

A investigação foi conduzida através da seguinte sequência de etapas (Figura 4):

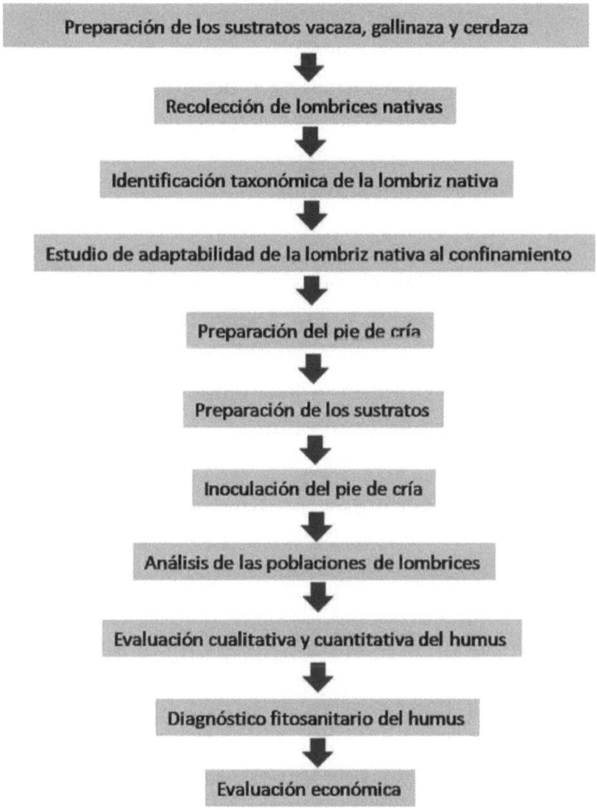

Figura 4. Esquema geral de trabalho para adaptação de minhocas nativas, produção de húmus e avaliação da qualidade do húmus.

Conceção: Álvarez (2013)

3.4. Preparação dos substratos vacaza, gallinaza e cerdaza

Os estrumes de vaca, galinha e porca foram separados do local de recolha e colocados em condições de sombra e humidade durante 20 dias, com o objetivo de estabilizar o pH perto de um intervalo de 6,7 - 7,3 (Pineda, 2006). Após este período, os substratos foram colocados num recipiente com minhocas para verificar se estas se introduziam no meio e se alimentavam, como indicador de que o substrato estava em boas condições.

3.5. Recolha de minhocas autóctones

Para a coleta de minhocas nativas, foram utilizadas redes plásticas (sacos vegetais) com substrato composto de esterco de vaca e esterco de galinha na proporção de 1:1. Os sacos foram colocados em áreas sombreadas e com alta umidade. Após 30 dias, os sacos foram retirados e as minhocas foram extraídas e mantidas em condições ideais de alimentação até o início do experimento.

3.6. Identificação taxonómica das minhocas autóctones

A identificação da minhoca nativa foi realizada com o auxílio de uma chave dicotómica para a identificação de espécies da família Lumbricidae (Lainez e Jordana, 1987). Os indivíduos foram observados com o auxílio de um estereoscópio (Colpostar v6). Além disso, foi efectuada uma análise comparativa dos caracteres observados com os descritos para as espécies comuns utilizadas na lumbricultura e presentes no país. A análise baseou-se na observação dos seguintes caracteres morfológicos e comportamentais de diagnóstico (Abdullah e Saywack, 2011):

- Cor da carroçaria.
- Comprimento do corpo.
- Número de segmentos.
- Forma do peristómio.
- Forma, comprimento e posição do clítoris.
- Habitat (epígeo, anécico e endogéneo) (Garcia, 2006).
- Movimento à medida que se desloca ao longo do substrato.

3.7. Estudo da adaptabilidade de minhocas nativas ao confinamento.

Com o objetivo de estabelecer as condições adequadas para a manutenção das minhocas autóctones em confinamento, foi concebida uma experiência para avaliar a adaptabilidade. Para isso, foram preparados 10 recipientes plásticos com capacidade de 20 L, com um orifício na base para drenagem de líquidos (Figura 5), nos quais foram colocados 0,5 kg de brita e 0,5 kg de areia, e por cima foi colocada uma camada uniforme de solo franco-argiloso com 5 cm de altura. Por cima foi colocada uma mistura 1:1:1 de vacaza-gallinaza-hojarasca.

Figura 5. Recipientes de plástico de 20 L (0,03 m^3) utilizados para o estudo da adaptabilidade das minhocas em confinamento.

Conceção: Álvarez (2013)

Foram inoculadas 20 minhocas adultas (densidade de 1330 indivíduos m^{-3}) em cada recipiente e alimentadas a cada 10 dias com uma mistura semelhante à colocada na camada superior do recipiente. O substrato foi humedecido a cada 2 dias para manter uma humidade adequada de aproximadamente 75 %, de acordo com o método descrito por Restrepo (1996) e uma temperatura média de 26 °C (Giulietti et al., 2008), que foi determinada com a utilização de um termómetro (Figura 6).

Figura 6. Medição da temperatura do substrato com um termómetro.

Da mesma forma, o pH foi monitorizado para o manter num intervalo ótimo entre 6,5 e 7,5 (Schuldt, 2001), que foi determinado pelo método semi-quantitativo do papel de tornassol. Para isso, o papel foi introduzido na matéria orgânica, foi exercida pressão sobre ele para o humedecer e depois foi feita a leitura (Zarela et al., 1993). As minhocas foram monitorizadas de 2 em 2 dias para determinar a sua presença, removendo manualmente o substrato. Aos 120 dias após a inoculação, as minhocas foram contadas e divididas em quatro categorias de acordo com o seu comprimento (<2,5; 2,5-4,5; 4,5-5,5; >5,5).

3.8. Preparação do pé de criação

Uma vez determinadas as condições em que as minhocas autóctones se adaptaram ao confinamento, fomentou-se a criação que será utilizada para a obtenção de húmus. Foram utilizados quatro recipientes de plástico com capacidade de 100 L (0,15 m^3) cada um (Figura 7), aos quais foram adicionadas camadas com os mesmos elementos do ensaio anterior nas seguintes quantidades: 10 cm de cascalho (na base do recipiente), 10 cm de areia (no meio) e 10 cm de uma mistura de terra-vacaza-arado na parte superior, numa proporção de 1:1:1.

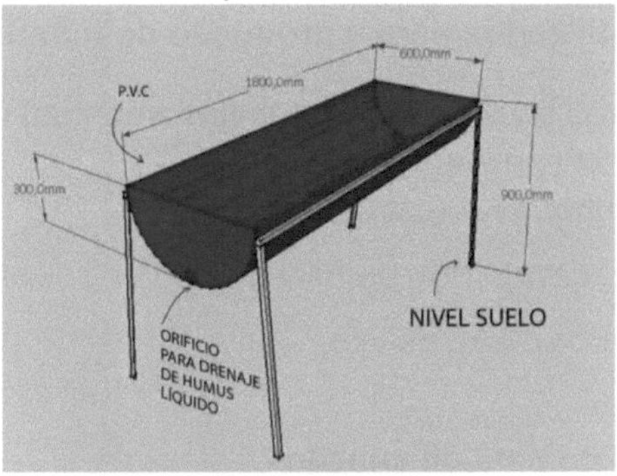

Figura 7. Contentores utilizados para a preparação dos reprodutores. Esquerda: esquema, direita: fotografia com substrato. **Conceção:** Álvarez (2013)

Posteriormente, foram colocadas 100 minhocas em cada recipiente (1000 indivíduos m^{-3}) e os recipientes foram colocados numa área sombreada para baixar a temperatura e reter a humidade do substrato. As minhocas foram alimentadas durante quatro meses, em intervalos de 10 dias, com uma mistura de 5 kg de feijão-frade - galinha - folhagem, numa proporção de 1:1:1, e o substrato foi regado aproximadamente de três em três dias para manter a humidade entre 70 e 75%.

3.9. Substratos utilizados para a produção de húmus

Foram utilizados três tipos de substratos (tratamentos) com as seguintes proporções:

A. Estrume de galinha: 5 Kg (estrume de galinha): 1 kg de cama.

B. Vacaza: 5 Kg (vacaza): 1 Kg de folhagem.

C. Cerdas: 5 kg (cerda): 1 kg de lixo.

3.10. Inoculação da pata de criação

3.10.1. Embalagem

Para a reprodução das minhocas, foram utilizados recipientes de plástico em forma de pirâmide (Figura 8, Anexo 1) (três por tratamento) com uma capacidade de 0,1 m^3 , contendo 26 kg de solo seco na base e 6 kg da mistura de excrementos e folhada nas proporções descritas na secção anterior. Passados 30 dias, foram adicionados 4 kg de uma mistura 3:1 de excrementos/cama de folhas.

Figura 8. Recipiente utilizado para a reprodução das minhocas nativas. A: Fotografia mostrando o local onde foram mantidas durante a experiência, B: fotografia achatada do recipiente.
Conceção: Álvarez (2013)

3.10.2. Inoculação

Em cada recipiente foram coloridos e distribuídos aleatoriamente uma média de 50 indivíduos com 5 cm de comprimento e 3 mm de espessura. Os recipientes foram colocados durante os três meses do estudo em condições de sombra e de humidade óptima, para o que foi efectuada uma irrigação por aspersão para manter a humidade do substrato entre 70 e 75 %.

3.10.3. Análise das existências obtidas

Os vermes foram extraídos dos substratos 90 dias após a inoculação. Foi aplicada uma técnica semelhante à utilizada para a captura dos indivíduos iniciais (secção 3.5). Os indicadores populacionais analisados foram os seguintes:

- Total de indivíduos: determinado a partir de 1 kg de substrato retirado ao acaso e multiplicado pelo peso total do substrato.
- Taxa de reprodução: expressa como a relação entre o número total de indivíduos observados e o número de minhocas inoculadas por tratamento.
- Percentagem de indivíduos por fase: juvenis (), subadultos () e adultos ().

3.11. Avaliação qualitativa e quantitativa do húmus

Foram recolhidos dois kg de húmus para cada tratamento. De cada tratamento foram retiradas fracções de 0,66 kg de húmus correspondentes a cada réplica e o húmus de ovelha foi utilizado como controlo. As amostras foram transferidas para o Laboratório de Solos, Departamento de Solos e Água, EDIAGRO, município de San Carlos, Estado de Cojedes, para a determinação dos seguintes elementos:

Análise mecânica:

- Percentagem de areia.
- Percentagem de silte.
- Percentagem de argila.

Análise química:

- Fósforo (ppm).
- Potássio (ppm).
- Cálcio (ppm).
- Matéria orgânica (%).
- pH.

• C.E.
As determinações foram efectuadas de acordo com o método La Salle SOP (2013).

3.12. Diagnóstico fitossanitário do húmus

Para a análise fitossanitária, foram colhidas amostras dos três tratamentos, que foram transferidas para o Laboratório de Diagnóstico Fitossanitário e Zoossanitário "Paula Correa Rodríguez", pertencente ao Instituto Nacional de Saúde Integral Agropecuária, Estado de Cojedes (INSAI, 2013). Foi confirmada a presença de nemátodos parasitas e de vida livre, bem como de insectos pragas de importância económica.

3.13. Análise económica

A avaliação económica do trabalho incluiu a análise do benefício líquido (lucro total - custos totais) da experiência, bem como a produção de húmus num ano, durante o qual podem ser feitas 4 produções de uma tonelada cada, uma vez que o período de humificação demora três meses. Para efetuar os cálculos, foram tidos em conta os custos dos factores de produção, os custos de mão de obra e as análises químicas, mecânicas e fitossanitárias das amostras. Do mesmo modo, foi considerado o lucro da produção do húmus de minhoca obtido com base nos preços actuais do mercado. Por último, foi efectuada uma avaliação qualitativa do impacto ambiental e social da produção de húmus.

3.14. Conceção experimental e tratamento estatístico

Os ensaios foram efectuados segundo um esquema completamente aleatório com três réplicas. Para as análises morfológicas, foram recolhidos 20 indivíduos por tratamento. As análises químicas e mecânicas do húmus foram efectuadas em três amostras diferentes por tratamento. Os dados foram processados de acordo com o pacote Statgraphic plus 5.1 no WINDOW, determinando o ajuste a uma distribuição normal através do teste de Kolmogorov-Smirnov Goodness of Fit e a homogeneidade da variância através do teste de Bartlett (Sigarroa, 1985). Especificamente, foi aplicada a Análise de Variância e o teste da Diferença Menos Significativa (LSD) de Tukey e um nível de significância de a = 0,05. Nos casos em que os dados satisfaziam os critérios exigidos, foram processados utilizando a ANOVA de classificação simples e o teste de intervalos múltiplos de Duncan, conforme apropriado. Os dados que não satisfaziam estes pressupostos foram comparados utilizando o teste de Kruskal-Wallis e o teste de Student-Newman-Kwels (SNK) para os intervalos múltiplos.

4. RESULTADOS E DISCUSSÃO

4.1. Recolha e classificação de minhocas autóctones

Da mistura de leite de vaca e capim-gordura contida em sacos de malha, foram coletados 1323 indivíduos em diferentes estágios (juvenis e adultos) e com comprimentos variando de 3 a 10 cm, num período de 30 dias. A partir das caraterísticas do clitelo, a espécie nativa foi identificada como Lombricus terrestris L., conhecida como minhoca comum e pertencente à família Lumbricidae (Lainez e Jordana, 1987). Os membros da família Lumbricidae são caracterizados morfologicamente pela presença de um clitelo com várias camadas e esta estrutura é de grande importância para a classificação taxonómica dos anelídeos (Pérez-Losada et al., 2012). De forma a corroborar a informação obtida através da chave dicotómica, foram analisados outros aspectos da morfologia e comportamento das minhocas autóctones. As caraterísticas observadas são apresentadas de seguida (Figura 9):

- Cor do corpo: castanho-avermelhado escuro.
- Forma do corpo: sigmoidal.
- Comprimento médio do corpo: 15 cm.
- Número de segmentos: 125
- Forma, comprimento e posição do clitelo: 15 - 20 segmentos prostomiais, cilíndricos.
- Número e posição das cerdas: dispostas aos pares em posição ventral ou ventro-lateral em cada segmento.
- Habitat: anécico com aparelho de escavação desenvolvido.
- Movimento: lento.

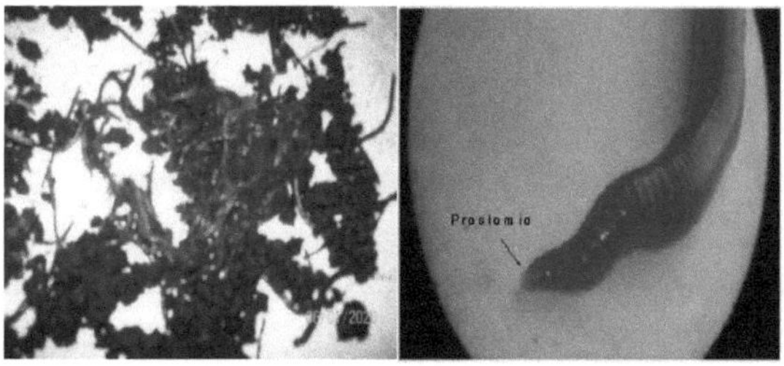

Figura 9. Fotografia da minhoca autóctone recolhida. Esquerda: população de minhocas juvenis e adultas mostrando a cor avermelhada típica da família Lumbricidae. Direita: fotografia de um exemplar adulto, ampliação (5X).

Estes dados são consistentes com os caracteres diagnósticos da família Lumbricidae. Entre as espécies cosmopolitas abundantes na Venezuela encontram-se Lumbricus terrestris (minhoca comum), Eisenia foetida (minhoca vermelha californiana) e Eudrilus eugeneae (minhoca vermelha africana), sendo esta última cosmopolita devido à sua utilização extensiva na cultura de minhocas. Como resultado da análise comparativa, a espécie Eudrilus eugeneae pôde ser descartada, pois pertence à família Eudrilidae, com caracteres diferentes, como a distribuição em forma de anel dos cogumelos ao redor do corpo, o que não foi observado na espécie nativa (Edwards e Bohlen, 1996). Os caracteres observados também excluíram o vermelho da Califórnia (também pertencente à família Lumbricidae), uma vez que tem uma cor púrpura caraterística, ou vermelho escuro. Além disso, quando o corpo do animal foi pressionado, não foi detectado o odor fétido típico do vermelho da Califórnia, que dá nome à espécie (Edwards e Bohlen, 1996). Por outro lado, tanto o vermelho da Califórnia como o vermelho de África são epígeos (Ismail, 1997, 2005), enquanto o vermelho autóctone apresenta um comportamento anécico típico da minhoca comum Lombricus terrestres L. (Römbke et al., 2005; Domínguez e Gómez-Brandón, 2010). Além disso, foi observada uma baixa taxa reprodutiva típica deste género. É importante salientar que, apesar de a família Lumbricidae ser estudada há mais de 130 anos pela sua importância ecológica, ainda não existe um consenso sobre a classificação da família Lumbricidae, com um grupo de géneros proposto entre 6 e 14 em estudos clássicos (Omodeo, 1956; Bouché, 1972), enquanto que investigações recentes consideram que a família compreende entre 31 e 45 géneros (Qiu e Bouché, 1998; Csuzdi e Zicsi, 2003).

4.2. Adaptação de minhocas nativas a condições de confinamento

O período de preparação ou adaptação da criação, que durou 120 dias, mostrou que as condições de humidade (75 %), temperatura (26°C), alimentação e densidade (1330 indivíduos m^{-3}) proporcionaram condições ideais para o crescimento e desenvolvimento das minhocas. De um total de 200 indivíduos inoculados, obtiveram-se 1657 minhocas, distribuídas de acordo com a Figura 10.Como se pode verificar, o menor número de indivíduos foi encontrado na faixa de comprimento superior a 5,5 cm, enquanto nas restantes faixas a distribuição foi homogénea. Um aspeto importante foi que não foram encontrados indivíduos com comprimento superior a 5,5 cm em três dos recipientes amostrados, o que pode ser um indício de que houve migração ou de que não se adaptaram totalmente às condições de confinamento.Outro aspeto significativo foi que não foi observada mortalidade, o que é uma evidência de que as condições não foram estressantes e os vermes se alimentaram adequadamente.

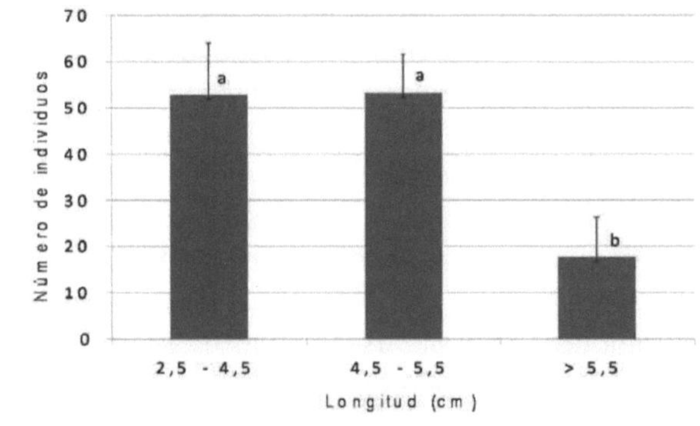

Figura 10. Distribuição dos indivíduos por faixa de comprimento após 120 dias de criação em condições de confinamento.

4.3. Criação de reprodutores

De forma a obter uma maior adaptabilidade e preparar as minhocas para a produção de húmus, a densidade de indivíduos foi reduzida (1000 indivíduos m^{-3}), com as mesmas condições de substrato, humidade e temperatura (Figura 11).

Figura 11. Recipientes utilizados no segundo período de adaptação das minhocas. Esquerda: contentores com substratos, direita: indivíduos adultos obtidos 120 dias após a inoculação.

No final da experiência, foi possível observar uma composição homogénea de indivíduos em diferentes fases de vida nos diferentes contentores utilizados, o que pode ser uma indicação de que a densidade e o tempo desempenham papéis importantes na adaptação ao confinamento destas minhocas. Bernier e Ponge (1998), num estudo comparativo sobre o efeito da densidade na produção de húmus utilizando Lombricus terrestris, em condições naturais e em contentores, obtiveram os maiores rendimentos utilizando densidades numa gama semelhante. Esta investigação mostrou que, controlando a densidade, é possível obter resultados semelhantes tanto em contentores como em condições de campo.

4.4. Avaliação das existências obtidas

A figura 12 mostra o número total de indivíduos 90 dias após a inoculação. Como se pode observar, os melhores resultados foram obtidos no tratamento vacaza com uma média de 3428, seguido do estrume de aves (1224) e da porca (112). As taxas de reprodução foram de 34,3:1, 12,3:1 e 1,1:1, respetivamente. Os resultados superiores obtidos com o estrume de vaca podem estar associados à digestibilidade deste material, uma vez que provém de um ruminante, no qual a microflora ruminal desempenha um papel importante. No caso da porca, obteve-se uma baixa população de minhocas, o que pode estar associado à presença de planárias que foram observadas no substrato. Este parasita cresce em substratos ácidos e adere ao epitélio da minhoca sugando os fluidos corporais causando a morte do animal (Diaz, 2002); Niño e Robert, 2013). Outros predadores detectados foram os quilópodes, que também são inimigos naturais das minhocas. Resultados semelhantes foram obtidos por García et al. (1996) e Rodríguez (1999) num estudo comparativo de húmus com diferentes substratos como vacaza, estrume de aves, estrume de suínos, folhagem, etc., e utilizando para o efeito a minhoca vermelha da Califórnia. Em ambos os casos, o maior número de indivíduos totais foi obtido no substrato com vacaza, estatisticamente superior ao resto dos substratos utilizados.

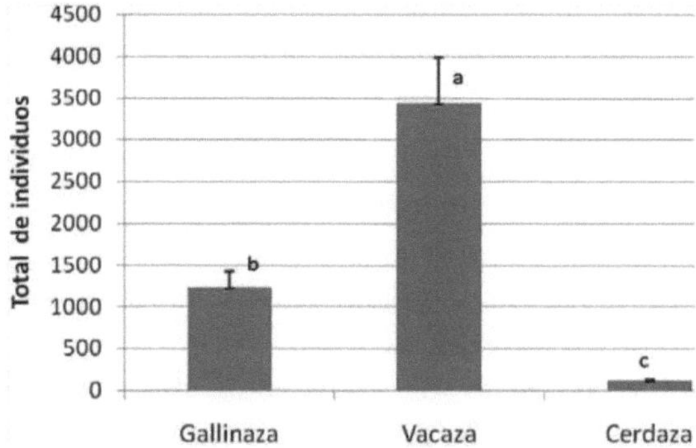

Figura 12 Total de tratamentos individuais. Letras diferentes indicam diferenças significativas de acordo com o teste de Duncan (a<0,05).

O estudo da percentagem de indivíduos nas diferentes fases: juvenis, sub-adultos e adultos é apresentado na figura 13. Como se pode observar, não se registaram diferenças significativas entre fases para o mesmo substrato, nem entre as mesmas fases de diferentes substratos ou tratamentos. Estes resultados mostram que os indivíduos adultos inoculados nos diferentes substratos foram capazes de se alimentar e reproduzir de tal forma que em cada substrato foi alcançada uma equidade entre as diferentes fases de vida da minhoca (Figura 14). De igual modo, observaram-se numerosos casulos em ambos os tratamentos como indicador do potencial reprodutivo alcançado pelas minhocas nos substratos utilizados.

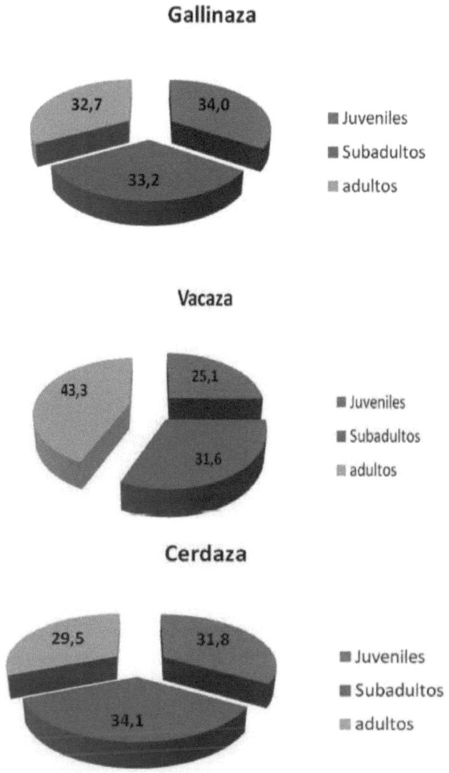

Figura 13. Percentagem de indivíduos em diferentes estádios obtidos n o s substratos vacaza, gallinaza e cerdaza.

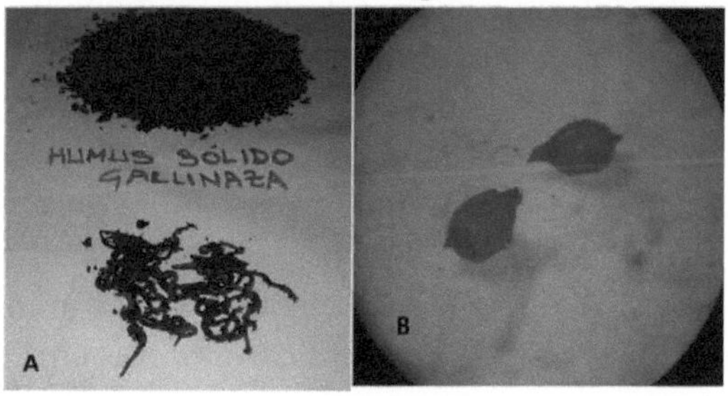

Figura 14. Minhocas e casulos observados no substrato de estrume de galinha no final da experiência. Direita: juvenis e adultos. Esquerda: casulos.

4.5. Avaliação mecânica e química do húmus

4.5.1. Análise mecânica

Como resultado da atividade das minhocas, foram obtidos cerca de 24 Kg (12 Kg de estrume de vaca e 12 Kg de estrume de galinha) com uma percentagem de biotransformação do substrato em húmus de 87,5. No caso do substrato de porca, devido ao baixo crescimento e desenvolvimento das minhocas, não se obteve húmus. O húmus obtido a partir de estrume de vaca e de aves era castanho escuro, granular e homogéneo (Figura 15).

Figura 15. Húmus de minhoca dos tratamentos com vacaza e estrume de galinha, mostrando a cor castanha escura caraterística.

Esta coloração castanha escura observada pode ser um indício de que houve uma mistura de matéria orgânica e solo no tubo digestivo da minhoca, o que pode estar associado ao comportamento das minhocas, que são consideradas anécicas, ou seja, alimentam-se de matéria orgânica presente na superfície, mas também a misturam com o solo, pois possuem uma musculatura escavadora desenvolvida que lhes permite fazer túneis verticais semi-permanentes. Os dados obtidos na avaliação mecânica são apresentados no Quadro 2. Os resultados mostram um consumo de areia, silte e argila pelas minhocas a partir do solo colocado na base do contentor, o que indica que foram criadas condições adequadas para as minhocas terem um comportamento normal, penetrando na camada de solo e desempenhando a função de humificação do substrato.

Tabela 2. Análise mecânica do húmus dos tratamentos (Anexo 2).

Conceção: Álvarez (2013)

Não. Registo	4777	4778	4779
Localização	Vacaza	Cantarilho	Ovejo (Controlo)
Areia (%) *	76	62	78
Silte (%) ** Silte (%)	16	24	12
Argila (%) ***	8	14	10

Sistema USDA:

*Material orgânico com partículas entre 2,00 e 0,05 mm de diâmetro.

**Material orgânico com partículas entre 0,05 e 0,002 mm de diâmetro.

***Material orgânico com partículas de diâmetro inferior a 0,002 mm.

Estes elementos desempenham um papel importante, uma vez que estão relacionados com a textura do solo, que é um fator que influencia a fertilidade do solo e a capacidade de atingir rendimentos agrícolas elevados.

4.5.2. Análise química

Para avaliar a qualidade do húmus obtido, foi efectuado um conjunto de determinações químicas, tais como as concentrações de P, K, Ca e matéria orgânica, que desempenham papéis fisiológicos importantes nas plantas. Os resultados da avaliação química do húmus são apresentados na Tabela 3.

Quadro 3. Avaliação química do húmus obtido a partir de estrume de aves de capoeira, estrume de vaca e estrume de ovino como controlo (Anexo 2).

Conceção: Álvarez (2013)

Não. Registo	4777	4778	4779
Localização	Vacaza	Galinha Galinha	Ovejo (Controlo)
Fósforo ppm	897	1,344	1,092
Potássio ppm	435	650	500
Cálcio ppm	5,077	5,611	6,814
Matéria orgânica (%)	23,79	8,9	24,41
pH 1:2,5 (água)	7,8	7,1	8,6
E.C. 1:5 mmhos/cm a 25 °C	0,92	1,19	1,2

Estudos sobre a caraterização química do húmus utilizando as espécies Eisenia foetida (Durán e Henríquez, 2007) e Eudrilus eugeneae (Mulet del Pozo et al. 2008), e a vacaza como material de base, mostraram resultados semelhantes em relação ao teor de matéria orgânica encontrado no húmus de vacazo, mas superior ao obtido com o húmus à base de estrume de galinha.Giulietti et al. (2008) relataram valores menores de matéria orgânica em húmus à base de esterco bovino (13,2 %) e maiores com esterco de galinha (15,82 %), utilizando em ambos os casos a minhoca vermelha da Califórnia. Estes resultados podem estar relacionados com o facto de os bovinos se alimentarem de gramíneas, que têm um teor de fibras entre 30 e 35 % (Rodriguez, 1999), em comparação com o estrume de outras espécies monogástricas. As concentrações de cálcio no húmus de esterco de vaca e de galinha relatadas por Bollo (2001) e Mulet del Pozo et al. (2008) foram semelhantes às avaliadas nos tratamentos. No entanto, os dados referentes às concentrações de fósforo e potássio foram maiores, o que pode estar associado à composição química dos substratos utilizados nesses estudos. García et al. (1996) e Álvarez-Solís et al. (2010) relataram valores semelhantes de fósforo e potássio no húmus obtido com Eisenia foetida, embora as concentrações de matéria orgânica fossem 1,96 e 2,1 vezes maiores, respetivamente. As variações encontradas entre os diferentes tipos de húmus (qualidade) podem estar associadas a diferentes factores como, por exemplo, a concentração de nutrientes nos resíduos animais e vegetais (substratos dos quais o húmus é derivado), uma vez que é influenciada pelo tipo de dieta consumida pelos animais, a natureza de algumas fontes vegetais que são misturadas com excrementos animais, o manuseamento e o tipo de armazenamento dos resíduos utilizados, entre outros (García et al., 1996; Durán e Henríquez, 2007). Estes resultados mostram que o húmus à base de estrume de vaca e de galinha, utilizando Lombricus terrestris L., também é capaz de formar húmus com qualidade aceitável, como os obtidos com Eisenia foetida, recomendados por numerosos autores para a lumbricultura (Giulietti et al., 2008; Pérez et al., 2012). Os componentes químicos avaliados no húmus são de importância vital para o crescimento e desenvolvimento das plantas. O cálcio está envolvido na regulação de inúmeros processos fisiológicos e celulares (Hirschi, 2004; Tang et al., 2006). É um nutriente essencial e tem funções na atividade metabólica, como a estabilização das membranas (Tuna et al., 2007; Taïbi et al., 2012), na transdução de sinais como mensageiro secundário e no controlo da atividade enzimática (Laohavisit et al., 2013). Além disso, o Ca^{2+} pode neutralizar os efeitos adversos nas plantas de stresses abióticos, como a salinidade do solo (Arshi et al., 2006). O fósforo é o segundo macronutriente mais importante e essencial para o crescimento das plantas, estando envolvido na transferência de energia, na fotossíntese, na transformação de açúcares e amido e no movimento de nutrientes para a planta (Hemalatha et al., 2013). Os valores de pH mantiveram-se dentro da gama recomendada (6,0 - 8,0) (Díaz, 2002; Pineda, 2006), embora ligeiramente superiores a 7,0, que é o valor ótimo. Estes resultados podem estar relacionados com o controlo da humidade, da temperatura e do arejamento dos substratos utilizados. Quando estas condições são adequadas, desenvolvem-se microrganismos aeróbios que, para além de participarem na decomposição da matéria orgânica (Nardi, 2002, Domínguez et al., 2010), participam na regulação do pH, uma vez que, quando a pressão de oxigénio diminui, as bactérias anaeróbias proliferam e produzem metano, sulfureto de hidrogénio e amoníaco como resultado do metabolismo, o que pode baixar o pH (Díaz, 2002). Este aspeto é importante porque as bactérias estão envolvidas em processos-chave como a nitrificação, a oxidação do enxofre e a fixação do azoto, que é um indicador para avaliar a saúde e a estabilidade do solo (Perez,

2003). Por outro lado, as minhocas têm glândulas de Morren, que têm a função de segregar carbonato de cálcio e produzir uma digestão alcalina, pelo que são de esperar valores de pH ligeiramente alcalinos nos diferentes húmus de minhoca (Bollo, 1999). Os valores de condutividade eléctrica mantiveram-se em níveis baixos quando comparados com outros substratos, como os resíduos de banana e café, e foram semelhantes aos obtidos por outros autores (Durán e Henríquez, 2007), que afirmaram que o estrume, em geral, apresenta concentrações mais baixas de K, uma vez que a maior parte deste elemento é eliminada através da urina. O controlo da salinidade no húmus é um aspeto importante a considerar, uma vez que valores superiores a 8 mmhos/cm podem causar toxicidade iónica para a planta (Mejías, 2000). O excesso de sais no substrato pode causar distúrbios metabólicos e fisiológicos nas plantas, levando a limitações em processos como a germinação (Abbasdokht et al., 2012; Mosavian e Eshraghi-Nejad, 2013), o crescimento e desenvolvimento das plantas, bem como a produtividade das culturas (Saqib et al., 2012; Barakat et al., 2013).

4.6. Avaliação fitossanitária do húmus

A fim de avaliar as condições fitossanitárias do húmus obtido, foi determinada a presença de insectos e de nemátodos. Os resultados mostraram que tanto o húmus de estrume de vaca como o de estrume de galinha estavam isentos de nemátodos fitoparasitas e de nemátodos livres (Anexos 3 e 4). Este resultado positivo pode estar relacionado com o facto de os nemátodos fitoparasitas poderem ter uma fase de vida livre, durante a qual as interações diretas com outros organismos, como as minhocas, podem limitar a sua densidade populacional (Clermont-Dauphin et al., 2004). Indiretamente, as minhocas podem também influenciar os nemátodos, uma vez que a atividade das minhocas altera a estrutura do solo e a disponibilidade de recursos (Blouin et al., 2005). As estruturas biogénicas produzidas por estes engenheiros do ecossistema podem alterar as propriedades físicas e químicas do solo e influenciar a comunidade de nemátodos, afectando o seu habitat ou suplemento alimentar (Neher, 1999).

No caso dos insectos, não foram detectadas pragas de insectos no húmus de estrume de aves, enquanto que no húmus de estrume de vaca não foram detectadas pragas de insectos sem importância económica (Anexos 3 e 4). Estes resultados podem estar associados à humidade do substrato, que foi mantida entre 70 e 75 %, o que permite controlar a presença de pragas, formigas, etc., que se aproximam do solo devido aos açúcares produzidos pela minhoca ao deslizar pelas galerias do substrato (Pineda, 2006).

4.7. Avaliação económica

O quadro 4 apresenta as despesas efectuadas para a realização da investigação. Quadro 4. Despesas efectuadas no âmbito da investigação.

Conceção: Álvarez (2013)

Entradas e testes analíticas	Quantidade	Preço unitário	Preço total (BsF)
Galinha Galinha	14 Kg	1,20 BsF.Kg-1	16,8
Vacaza	14 Kg	2,00 BsF.Kg-1	28,0
Cerveja	14 Kg	1,5 BsF.Kg-1	21,0
Depósitos de plástico (20 L)	10	30 BsF	300
Depósitos de plástico (100 L)	16	200 BsF	3200
Consumo de eletricidade (Kwatt/h)	180	0,125 BsF	22,5
Análise químico-física do húmus	3	183,3 BsF	550
Total			4138

A quantidade de húmus recolhida do estrume das aves e do estrume das vacas foi de 24 kg. Com um preço de mercado de 10 $BsF.Kg^{-1}$, o cálculo do lucro bruto (Kg de húmus X preço por Kg) foi de 240 BsF, um valor relativamente baixo uma vez que a produção foi projectada apenas à escala piloto. O cálculo do lucro líquido efectuado para a produção de quatro toneladas de húmus num ano é apresentado nos quadros 5 e 6. Como se pode verificar, as despesas para a produção da primeira tonelada foram elevadas devido ao investimento inicial; no entanto, nas restantes produções as despesas foram consideravelmente reduzidas, uma vez que apenas foram investidos o estrume das aves, o estrume das vacas, o consumo de eletricidade para o abastecimento de água e o pagamento da mão de obra. Como se pode verificar, com a produção da primeira tonelada de húmus não é possível recuperar o investimento inicial, devido ao preço atual dos factores de produção no mercado.

Quadro 5. Custos iniciais de entrada e de mão de obra para produzir a primeira tonelada de húmus.
Conceção: Álvarez (2013)

Insumos, mão de obra e produção	Quantidade	Preço unitário	Preço total (BsF)
Galinha Galinha	1000 kg	1,20 BsF.Kg-1	1200
Vacaza	1000 Kg	2,00 BsF.Kg-1	2000
Tanque (3000 L)	1	3000 BsF	3000
Contentor de 100 L	15	200 BsF	3000
Bomba ½ HP	1	2800	2800
Mangueira de ½" (20 m)	1	800	800
Pá	1	350	350
Ancinho	1	500	500
Empilhador	1	2000	2000
Consumo de eletricidade (Kwatt/h)	540	0,125	67,5
Trabalhador	1	800 BsF/mês	2400
Total			181175

Preço de 1000 kg de húmus = 10000 BsF. Lucro líquido = 10000 - 181175 = - 171151 BsF.

Quadro 6. Custos dos factores de produção e da mão de obra para a produção da segunda tonelada de húmus.
Conceção: Álvarez (2013)

Insumos, mão de obra e produção	Quantidade	Preço unitário	Preço total (BsF)
Cantarilho	1000 kg	1,20 BsF.Kg-1	1200
Vacaza	1000 kg	2,00 BsF.Kg-1	2000
Consumo de eletricidade (Kwatt/h)	540	0,125	67,5
Trabalhador	1	800 BsF/mês	2400
Total			5667,5

Lucro líquido= 10000 - 5667,5 = 4332,5 BsF.

Com a segunda produção de uma tonelada de húmus, obtém-se um lucro de 4332,5 BsF. Se tivermos em conta que nas restantes duas produções do ano se mantêm as mesmas despesas, obtemos um lucro anual total de 22997,5 BsF, o que representa uma recuperação do investimento no ano de 13%. Tendo em conta estes valores, a recuperação total do investimento foi estimada num período de aproximadamente 10 anos. Um aspeto importante a destacar são os benefícios económicos e ambientais da produção de húmus de minhoca, uma vez que não só é uma forma de eliminar os resíduos orgânicos produzidos pelos excrementos de frango e resíduos agro-industriais, que representam uma fonte de contaminação para animais e seres humanos, mas também tem um grande grupo de propriedades físicas, químicas e biológicas que melhoram a qualidade do solo e aumentam a produtividade das culturas (Méndez et al., 2012). Este aspeto é de grande importância, uma vez que a proteção do solo é uma premissa para o desenvolvimento sustentável da humanidade. O uso indiscriminado de fertilizantes químicos e pesticidas, com o objetivo de aumentar os rendimentos agrícolas, tem contribuído para a erosão e perda de fertilidade do solo em diferentes regiões do mundo (Alo et al., 2013); bem como para a poluição da água que pode afetar a saúde humana através da exposição constante a estes poluentes (Glasson et al., 1999). Sabe-se que as substâncias húmicas contidas no húmus de minhoca também podem estimular o crescimento das plantas através de efeitos hormonais (Arancón et al., 2006) ou aumentando a resistência das plantas através de uma melhor nutrição (Acevedo e Pire, 2004). Neste sentido, Tarang et al. (2013) propuseram que a combinação de fertilizantes biológicos e químicos aplicados às culturas pode reduzir a poluição ambiental e o uso indiscriminado de produtos químicos. Além disso, foi descrita uma função protetora do húmus contra pragas e doenças que afectam as raízes das culturas (Yardim et al., 2006). Isto é importante, uma vez que a utilização de vermicomposto pode reduzir a utilização de pesticidas e insecticidas com um impacto ambiental significativo. Finalmente, é necessário acrescentar o impacto social da prática da vermicultura no território, uma vez que esta atividade pode ter uma dimensão educativa, se este trabalho se tornar um espaço aberto para a aprendizagem contínua das gerações mais velhas e mais novas.

5. CONCLUSÕES

- As condições de temperatura, humidade, alimentação, substrato e densidade de indivíduos permitiram que as minhocas autóctones se adaptassem às condições de confinamento, com bom crescimento e desenvolvimento.
- Foi observada uma taxa de reprodução dentro dos limites da espécie, uma distribuição homogénea dos indivíduos por estádio e nenhuma mortalidade nos tratamentos avaliados.
- Os teores de P, K, Ca, matéria orgânica e condutividade eléctrica do húmus obtido a partir de estrume de vaca e de galinha apresentaram valores aceitáveis, cuja variação depende das caraterísticas físico-químicas dos substratos.
- Não foram detectados nemátodos ou pragas de insectos de importância económica no húmus obtido a partir de estrume de vaca e de aves de capoeira.
- A produção de húmus utilizando a minhoca nativa demonstrou ser viável com um elevado impacto ambiental.

6. RECOMENDAÇÕES

- Estudar a microbiota (bactérias e fungos) do húmus, bem como a determinação de outros elementos químicos como N, C, Fe, Cu, Zn, Mn, etc., que permitem uma melhor caraterização da qualidade do húmus.
- Realizar estudos sobre a dinâmica das populações de minhocas autóctones em condições de confinamento, a fim de otimizar os recursos utilizados para a obtenção de húmus.
- Avaliar o húmus obtido em condições de produção.
- Divulgar os resultados obtidos no sector agrícola, a fim de incentivar a produção de fertilizantes orgânicos como uma variante ecológica para a biofertilização das culturas.

7. BIBLIOGRAFIA

1. Abbasdokht, H., Ashrafi, E. e Taheri, S. 2012. Efeitos de diferentes níveis de sal na germinação e crescimento de plântulas de cultivares de sésamo (Sesamum indicum L.). Tech J Engin & App Sci., 2 (10): 309-313.

2. Abdullah, A.A. e Saywack, P. 2011. Identificação e classificação de espécies de minhocas na Guiana. Revista Internacional de Investigação Zoológica 7 (1): 93-99.

3. Acevedo, I. e Pire, R. 2004. Efeitos do vermicomposto como emenda de substrato para o crescimento da serralha (Carica papaya L.). Interscience, 29(5).

4. Almaguer, J., Reyes, V., Reyes, A. e Villa, O. 2012. Avaliação do efeito do húmus líquido obtido por três métodos, em condições de vaso e campo, utilizando milho (Zea may L.) e beterraba sacarina (Betta vulgaris L.), respetivamente. Revista de Desenvolvimento Local Sustentável, 5 (15): 1- 6.

5. Alo, M.N., Egbule, U.C.C., Orji, J.O. e Aneke, C.J. 2013. Análise Microbiológica do Solo de Onu-Ebonyi Contaminado com Fertilizante Inorgânico. Jornal Americano de Doenças Infecciosas e Microbiologia, 1 (4): 70-74.

6. Altamirano, F. 2010. "Investigação da carga microbiana de composto e húmus de húmus". Universidade de Jujut, Argentina. Disponível em: https://sites.google.com/site/steelpulse06/investigandola microbiolog%C3%ADadehumus. Acessado em setembro de 2013.

7. Álvarez-Solís, J.D., Gómez, D.A., León, N.S. e Gutiérrez, F.A.. 2010. Gestão integrada de fertilizantes orgânicos e estrumes na cultura do milho. Agrociencia 44: 572-586.

8. Arancon, N., Edwards, C., Lee, S. e Byrne, R. 2006. Effects of humic acids from vermicomposts on plant growth (Efeitos dos ácidos húmicos dos vermicompostos no crescimento das plantas). EuropeanJournal of SoilBiology, 42: S65-S69.

9. Armenta V.R., 2006.Transformação da matéria orgânica pela minhoca em solos corrigidos com lodo de esgoto. Dissertação de Mestrado. Faculdade de Química. UAEM. México.
10. Arshi, A., Abdin, M.Z. e Iqbal, M. 2006. Teor de senosídeo e atributos de rendimento de Cassia angustifolia Vahl afectados por NaCl e CaCl2. Sci Hortic 111: 84-90.
11. Baker, G. 2007. Diferenças na libertação de azoto dos resíduos vegetais superficiais e incorporados por duas espécies endogénicas de minhocas (Lumbricidae) num solo de terra castanha vermelha no sul da Austrália. Eur. J. Soil. Biol. 43: 165-170.

12. Barakat, N., Laudadio, V., Cazzato, E. e Tufarelli, V. 2013. Potencial antioxidante e marcadores de estresse oxidativo em trigo (Triticum aestivum) tratados com fitohormônios sob condição de estresse salino Barakat et al. / Int. J. Agric. Biol., Vol. 15, No. 5.
13. Bellapart, C. 1996. Nova agricultura biológica em equilíbrio com a agricultura química. Ediciones Mundi-Prensa. Barcelona. Espanha. 298p.
14. Blanchart, E., Albrecht, A., Alegre, J., Duboisset, A., Gilot, C., Pashanasi, B. Lavelle, P. e Brussaard, L. 1999. Effects of earthworms on soil structure and physical properties, p. 149- 172. Em P. Lavelle, L. Brussaard & P. Hendrix (eds.). Earthworm management in tropical agroecosystems. Wallingford, Reino Unido.

15. Blouin M., Zuily-Focil Y., Tham-Thi,A-T Laffray D., Reversat G., Pando, A., Tondoh, J. e Lavelle, P. 2005. As actividades dos organismos subterrâneos afectam o fenótipo das plantas acima do solo, induzindo plantas tolerantes a parasitas. EcologyLetters, 8: 202-208.

16. Bohn, H.L., McNeal, B.L. e O'Connor, G.A. 1993. Química do solo. Ed. Limusa. México, D.F.
17. Bollo, E. 1999. Vermicultura: uma alternativa de reciclagem. Quito. Soboc Grafic. 149 p.

18. Bouché, M.B. 1972. Lombriciens de France. Écologie et Systématique (n hors-série), Institut National de la Recherche Agronomique, Annales de Zoologie-Écologie Animale.

19. Caballero, R.; Gandarilla, J.; Pérez, D. e Rodríguez, D. 2000. Efeito dos fertilizantes orgânicos na gestão intensiva de pomares. Centro

Agrícola 27(4): 18 -22, outubro - dezembro.
20. Chaney, D.E., Drinkwater, L.E. e Pettygrove, G.S. 1992. Organic soil amendments and fertilizers. Universidade da Califórnia, Divisão de Agricultura e Recursos Naturais. Publicação 21505. 36 p.
21. Chaoui, H., Zibilske, L. e Ohno, T. 2003. Efeitos de excrementos de minhocas e composto na atividade microbiana do solo e na disponibilidade de nutrientes para as plantas. Soil. Biol. Biochem. 35: 295-302.
22. Clermont - Dauphin, C., Cabidoche, Y.M. e Meynard, J.M. 2004. Effects of AgroforestrySystems, 45: 159-185.

23. Csuzdi, C. e Zicsi, A. 2003. Earthworms of Hungary (Annelida: Oligochaeta; Lumbricidae). Museu Húngaro de História Natural, Budapeste.

24. Cuevas, G.R., 2005. Desenvolvimento da minhoca Eisenia fetida Sar. Em dois locais e efeito da vermicompostagem no milho em Soconusco, Chiapas. Tese de Mestrado em Agricultura Tropical. Faculdade de Ciências Agrárias. UACh. México.
25. Decaëns, T., Jiménez, J.J., Barros, E., Chauvel, A., Blanchart, E., Fragoso,
C. e Lavelle, P. 2004. Comunidades de macrofauna do solo em pastagens permanentes derivadas de floresta tropical ou savana. Agr. Ecosyst. Environ. 103: 301-312.

26. Delgado, M.M., Porcel, M.A., Miralles, R., Beltrán, E., Beringola, L. e Martín,
J.V. 2004. Efeito da vermicultura na decomposição de resíduos orgânicos. Rev. Inter. Contam. Amb. 20: 83-86. desenvolvimento de espécies hortícolas e hortícolas. Tese de doutoramento. Universidad Autónoma Agraria Antonio Narro-UL.

27. Díaz, E. 2002. Guia de vermicultura. Vermicultura: uma alternativa de produção. Disponível em: . Acedido em setembro de 2013.

28. Domínguez , J. e Gómez-Brandón, M. 2010. Ciclos de vida de minhocas adequadas para vermicompostagem. Ata Zoológica Mexicana (n.s.) Edição Especial 2: 309-320.

29. Domínguez, J. 2004. Estado da arte e novas perspectivas da

investigação em vermicompostagem. In: Edwards, C.A. (Ed.). Earthworm Ecology,
pp. 401-424. CRC Press, Boca Raton FL EUA.

30. Domínguez, J., Aira, M. e Gómez-Brandón, M. 2010. Vermicompostagem: as minhocas potenciam o trabalho dos micróbios. In: Insam, H., Franke-Whittle, I., Goberna, M. (Eds). Microbes at work: from wastes to resources, pp.93- 114. Springer-Verlag, Berlim Heilderberg, Alemanha.

31. Dominguez, J., Edwards, E. e Subler, S. 1997. A comparison of vermicomposting and composting. BioCycle 38(4):57-59.

32. Durán, L. e Henríquez, C. 2007. Caracterização química, física e microbiológica de vermicompostos produzidos a partir de cinco substratos orgânicos. Agronomía Costarricense 31(1): 41-51.

33. Edwards, C.A. e Bohlen, P.J. 1996. Biology and Ecology of earthworm. 3rd Edn., Chapman and Hall, Londres, ISBN: 0412561603, pp. 426.

34. Eyheraguibel, B., Silvestre, J. e Morard, P. 2008. Efeitos de substâncias húmicas derivadas do melhoramento de resíduos orgânicos no crescimento e na nutrição mineral do milho. Bioresource Technology, 99: 4206-4212.

35. Fernández, O. e Olate P. 2003. Avaliação agronómica de substâncias húmicas derivadas do húmus de minhoca. Pontificia Universidad Católica de Chile. 52p.

36. Ferruzi, C. 1986. Manual de lombricultura. Madrid. Espanha. Mundi-Prensa. 138 p.

37. Figueroa, V.U. 2002. Uso sustentável de estrume em sistemas forrageiros irrigados. Revista Unión Ganadera. União Ganadera Regional de la Laguna. Vol. 38:11-12.

38. Fraile, J. e Obando, R. 1994. Vermicultura: alternativa para o manejo racional dos resíduos de banana. Aqua 3 (4):17-22.

39. Fuentes, J.L. 1987. A criação da minhoca vermelha. Ministério da Agricultura, Pescas e Alimentação. Publicações Agrícolas, p.4. Disponível em: Acedido em outubro de 2013.

40. Gajalakshmi, S., Ramasamy, E.V. e. Abbasi, S.A. 2001. Potencial de

duas espécies de minhocas epigeicas e duas espécies de minhocas anécicas na vermicompostagem de jacinto de água. Bioresource Technology. 76: 177-181.

41. García, M.D., Domínguez, P.L., Martínez, F. e Covas, M. 1996. Obtenção de húmus e minhocas (Eisenia foetida) a partir de resíduos de suínos e resíduos da indústria açucareira. Revista Computarizada de Producción Porcina, Vol 3, No. 1.

42. García-Pérez, R.E., 2006. A minhoca como biotecnologia na agricultura. Universidade Autónoma de Chapingo, México. 177 p.

43. Garg, P., Gupta, A. e Satya, S., 2006. Vermicompostagem de diferentes tipos de resíduos utilizando: Um estudo comparativo. Biores. Tecnol. 3: 391-395.

44. Giulietti, A.L., Ruiz, O.M., Pedranzani, H.E. e Terenti, O. 2008. Efeito de quatro vermicompostos no crescimento de plantas de Digitaria eriantha. Revista Internacional de Botânica Experimental 77: 137-149.

45. Glasson, J., Thervel, R. e Chadrock, A. 1999. Introdução à avaliação do impacto ambiental, 2ª edição Mc-Graw hill, EUA. pp. 3-6.

46. González, P. 2002 Influencia de la fertilización orgánica en la producción de forraje y Semilla de cavalia ensiformis / E. Nieto, J. Ramírez, Madelín Cruz (L) In DC. Ecossistema Pecuário. No. 1 (1), p. 33.

47. Guerrero, A. 1996. Solos, estrumes e fertilização das culturas. Ediciones Mundi-Prensa. Bilbao. Bilbau. Espanha. 206p.

48. Hartwigsen, H. J. e Evans, M. R. 2000. O ácido húmico e o substrato promovem o desenvolvimento das plântulas e das raízes. Hort Sciencie. 35(7): 1231-1233.

49. Hemalatha, S., Praveen, V.R., Padmaja, J. e Suresh, K. 2013. Uma visão geral sobre o papel do fósforo no crescimento, rendimento e qualidade do girassol (Helianthus annus L.). Revista Internacional de Biologia Aplicada e Tecnologia Farmacêutica, 4 (3): 48-55.

50. Hirschi, K.D. 2004. O enigma do cálcio. Nutriente versátil e sinal específico. Plant Physiology 136: 2438-2442.

51. Honorato, R. 1993. Manual de edafología. Editorial Universitaria S. A. Ediciones Universidad Católica de Chile. 193p.

52. INSAI, 2013. Instituto Nacional de Sanidade Agropecuária Integrada.

Rede Nacional de Laboratórios de Diagnóstico Fitossanitário e de Rastreio de Micotoxinas. "Laboratório de Diagnóstico Fitossanitário e Zoossanitário Paula Correa Rodríguez, Estado de Cojedes, Venezuela.

53. Ismail, S.A. 1997. Vermicologia, a biologia das minhocas. Oriental Longman Limited, Índia.

54. Ismail, S.A. 2005. A minhoca Bool. Other India Press, Aprusa, Goa, pp: 101.

55. Jiménez, J.J., Cepeda, A., Decaëns, T., Oberson, A. e Friesen, D. 2003. Disponibilidade de fósforo em moldes de uma minhoca de savana anécica em um Oxisol da Colômbia. Soil. Biol. Biochem. 35: 715-727.

56. Kooch, Y., Jalilvand, H., Bahmanyar, M.A. e Pormajidian, M.R. 2008. Abundância, biomassa e distribuição vertical de minhocas em unidade de ecossistema de hornbeam forst. J. Biol. Sci., 8: 1033-1038.

57. La Salle, 2013. Fundação La Salle de Ciências Naturais. EDIAGRIO. Departamento de Solos e Água, Estado de Cojedes, Venezuela.

58. Labrador, J. 2001. Ministério da Agricultura, Pescas e Alimentação. Ediciones Mundi-Prensa. Espanha.

59. Lainez, C. e Jornada, R. 1987. Contribuição para o conhecimento dos oligochaetes (Oligochaeta, Lombricidae) de Navarra. Publicações de Biologia da Universidade de Navarra. Universidade de Navarra S.A., Espanha. ISBN: 84-313-0996-2.

60. Laohavisit, A., Richardsa, S. L., Shabalab, L., Chenc, C., Renato, D.D.R., Colaçoa, S.M., Swarbrecka, E.S., Adeeba, D., Shabalab, S. Shangc, Z. e Daviesa, J, M. 2013. A sinalização de cálcio induzida pela salinidade e a adaptação da raiz em Arabidopsis thaliana requerem a proteína reguladora de cálcio anexina. Prévia de Fisiologia Vegetal. DOI:10.1104/pp.113.

61. Lavelle, P. e Spain, A.V. 2001. Soil Ecology. Kluwer Academic Publishers. Dordrecht, Boston.

62. Lavelle, P. e Spain, A.V. 2001. Soil Ecology. Londres, Reino Unido.

63. Lores, M., Gómez-Brandón, M., Pérez-Díaz, D. e Domínguez, J. 2006. Utilização de perfis FAME para a caraterização de resíduos animais e vermicompostos. Soil Biology and Biochemistry. 38: 2993-

2996.

64. Mackowiak, C.L.; Grossl, P.R. e Bugbee, B.G. 2001. Efeitos benéficos do ácido húmico na disponibilidade de micronutrientes para o trigo. Soil science Society American Journal. 65: 1744-1750.
65. Mejías, P. 2000. Manual de lombricultura. Ed. Agroflor lombricultura. Disponível em: www.lombriagroflor.cl/. Acedido em outubro de 2013.
66. Meléndez, G. 2003. Resíduos orgânicos e matéria orgânica do solo. Workshop sobre Fertilizantes Orgânicos. Centro de Investigação Agronómica. Universidade da Costa Rica.
67. Méndez, O., León, N.S., Gutiérrez, F.A., Rincón, R. e Alvarez, J.D. 2012. Efeito da aplicação de húmus de minhoca no crescimento e rendimento de grãos da cultura do milho. Gayana, Bot. 69 (1): 49-54.
68. Miller, R.W. e Donahue, R.L. 1995. Soils in our environment. 7ª ed., Prentice Hall. Prentice Hall. Englewood Cliffs, NJ.
69. Monroy, F., Aira, M. e Domínguez, J. 2008. Alterações na densidade de nemátodos, protozoários e coliformes totais após o trânsito pelo intestino de quatro minhocas epigeicas (Oligochaeta). Applied Soil Ecology. 39: 127-132.
70. Moreno, A., Valdés, M.T. e Zarate, T. 2005. Agricultura técnica, Chile, 65: 26-34.
71. Mosavian, S.N. e Eshraghi-Nejad, M. 2013. Efeito do estresse de NaCl e CaCl2 nos indicadores de germinação e crescimento de mudas de canola. Intl. J. Farm. & Alli. Sci., 2 (2): 32-37.
72. Mulet del Pozo, Y.; Díaz, M.E. e Vilches, E.E. 2008. Determinação de algumas propriedades físico-mecânicas, químicas e biológicas do húmus de minhoca nas condições do estábulo da fazenda Guayabal, San José de las Lajas, Havana, Cuba. Revista Ciencias Técnicas Agropecuarias, Vol. 17, (1): 27-30.

73. Nardi, S. 2002. "Physiological effect of humus substances on higher plants", Soil Biology and biochemestry (34): 1527-1536.}
74. Nengebamer, A.B. 1992. Ecologically Appropriate Agriculture. Fundação Alemã de Direito Internacional. Centro de Desenvolvimento para a Agricultura e Alimentação. - [s.l]: FRG,184 p.
75. Niño, S. e Robert, D. 2013. Obtenção de húmus líquido por meio da minhoca vermelha. minhoca vermelha. Monografias. Disponível em: http://www.monografias.com/trabajos71/humus-liquido-lombriz-roja-californiana/humus-liquido-lombriz-roja-californiana2.shtmlAcessado em

outubro de 2013.
76. NMX-FF-109-SCFI-2007. humus de lombrombrombrriz (lombricomposta) especificaciones y métodos de prueba vermicompost (worm casting) especificações e métodos de ensaio. México.
77. Omodeo, P. 1956. Contributo alla revisione dei Lumbricidae, Arch. Zool. Ital 41.
78. Ortíz Franco, P. e Álvarez, J.A. 2002. Uso de biofertilizantes em aveia de sequeiro nas terras altas de Chihuahua. Disponível. [online] In: Agricultura Orgánica. Disponível em:
http://www.smcs.org.mx/pdf/libros/agricultura_org.pdf [Acedido em: 18 de junho de 2012].
79. Otero, S. e Teresa, O. 2010. Produção e avaliação de vermicomposto em formigueiros, Sierra Nanchititla, México, 53h. Tese de diploma (em opção ao grau de Licenciado en Ciencias Ambientales), Universidad Autónoma de México.
80. Peña, E., Carrión, M., Martínez, F., Rodríguez, A e Companioni, N. 2002. Manual para a produção de fertilizantes orgânicos na agricultura urbana. INIFAT. p 35 - 37.
81. Pérez, A., Matías, C., González, Y. e Alonso, O. 1997. Tecnologia para a produção de sementes de gramíneas e leguminosas tropicais. Pastagens e Forragens (CU) 20: 21.
82. Pérez, G., Monroy, B., Pimienta, E., Posos, P., Aceres, V.A., Toral, J.R. e Carreón, J. 2012. Níveis de adubação orgânica utilizando húmus de minhoca no cultivo de hibisco Hibiscus sabdariffa L. ScientiaCucba. 14, (1-2): 47-55.

83. Pérez, N. 2003. Agricultura orgánica: Bases para el manejo ecológico de plagas, Centro de Estudios de Desarrollo Agrario Rural de la Universidad Agraria de La Habana, Asociación Cubana de Técnicos Agrícolas y Forestales, Ciudad de La Habana, Cuba.

84. Pérez-Losada, M., Bloch, R., Breinholt, J.W., Pfenninger, M. e Domínguez, J. 2012. Avaliação taxonómica dos géneros de minhocas Lumbricidae (Oligochaeta) utilizando códigos de barras de ADN. Jornal Europeu de Biologia do Solo, 48: 41-47.

85. Pineda, J.A. 2006 Lombricultura / José Arnold Pineda, Instituto Hondureño del Café.1ª ed. (Tegucigalpa): (Litografía López). 38 p.: fotos ISBN 99926- 37-50-1.

86. Porta, C., López, J. e Roquero, L.C. 2003. Edafologia: para a agricultura e o ambiente. Ed. Mundi-Prensa. Espanha. 849 p.
87. Primavessi, A.M. 1990. Beneficios de Materia Orgánica en descomposicao y do Humus. p. 124- 126. -- In: Manejo Ecológico do solo Agricultura em regiões tropicais. -São Paulo: Ed. Nobre,
88. Qiu, J.P. e Bouché, M.B. 1998. Revisão dos táxons suprapécieis de Lumbricoidea. Documents pedozoologiques et integrologiques 3: 179-216.
89. Restrepo, J. 1996. Fertilizantes Orgânicos Fermentados. Experiencia de Agricultores en Centroamérica y Brasil, CEDECO/OIT (Primeira Edição), San José, Costa Rica. p 52.
90. Rodriguez, A.R. 1999. Produção e Qualidade de Composto Orgânico por meio da Minhoca Vermelha da Califórnia (Eisenia foetida) e sua Capacidade Reprodutiva. Disponível em: Acessado em: setembro de 2013.
91. Römbke, J., Jänsch, S. e Didden, W. 2005. A utilização de minhocas na classificação ecológica do solo e conceitos de avaliação. ECT Ökotoxikologie GmbH, Böttgerstrasse 2-14.
92. Sánchez, R., Ordaz, V.M., Benedicto, G.S., Hidalgo, C.I. e Palma, D.J. 2005. Mudança nas propriedades físicas de um solo argiloso devido a insumos de vermicomposto de cachaça e esterco. Interscience 30: 765-779.
93. Saqib, Z.A., Akhtar, J., Ul-Haq, M.A. e Ahmad, I. 2012. As alterações induzidas pelo sal na fenologia foliar das plantas de trigo são reguladas pela acumulação e padrão de distribuição do ião Na+. Pak. J. Agric. Sci., 49: 141-148.
94. Schnitzer, M. 1990. Métodos selecionados para a caraterização das substâncias húmicas do solo. In: McCarthy et al. (Ed.): Humic substances in soil and crop sciences. ASA & SSSA. Madison: 65-89.
95. Schuldt, M. 2001. Vermiculture. Teoría y práctica en el ámbito agropecuario, industrial y doméstico tico. Imprelyf, La Plata, 136 p.
96. Schuldt, M. 2006. Manual de teoria e prática da vermicultura. Ed. Mundiprensa. Madrid. 188 pp.
97. Sigarroa, A. 1985. Biometría y diseño experimental. Editorial Pueblo y Educación, 733 p.

98. Suthar, S. 2009. Vermicompostagem de resíduos sólidos de mercados de produtos hortícolas utilizando Eisenia fetida: Impacto do material de enchimento no crescimento das minhocas e na taxa de decomposição. Ecol. Engin. 35: 914-920.
99. Taïbi, Kh., Taïbi, F. e Belkhodja, M. 2012. Efeitos do fornecimento externo de cálcio na resposta fisiológica do feijão stressado com sal (Phaseolus vulgaris L.) Genética e Fisiologia Vegetal, Volume 2 (3-4), pp. 177-186.

100. Tang, D., Dean, W.L., Borchman, D. e Paterson, C.A. 2006. A influência da estrutura lipídica da membrana na atividade da Ca2+-ATPase da membrana plasmática. Cell Calcium 39: 209-216.

101. Tarang, E., Ramroudi, M., Galavi, M., Dahmardeh, M., Mohajeri, F. 2013. Efeitos do biofertilizante Nitroxin com fertilizante químico no rendimento e nos componentes do rendimento do milho em grão (cv. Maxima). Revista Internacional de AgriScience AgriScience Vol. 3(5): 400-405.

102. Téllez, V. 2007. Fertilizantes agroecológicos. Coordenado por DESMI,A.C. [online], Disponível em: www.abonorgadesmi.com [Acedido: setembro 2013].
103. Reynold, R. e Wetzel, L. 2010. The role of invertebrate ecosystem enginners. Eur. J. Soil. Biol. 33(4): 159-193.

104. Tineo, B.A.L. 1991. Estudo preliminar de alguns aspectos reprodutivos de três espécies de minhocas. Ayacucho, Peru; Universidad Nacional de San Cristobal de Huamanga, Peru, p. 1-20.
105. Tripathi, G. e Bhardwaj, P. 2004. Estudos comparativos sobre a produção de biomassa, ciclos de vida e eficiência de compostagem de Eisenia fetida (Savigny) e Lampito mauritii (Kinberg). Bioresource Technology. 92: 275-283.

106. Tuna, A.L., Kaya, C., Ashraf, M., Altunlu, H., Yokas, I. e Yagmur, B. 2007. Os efeitos do sulfato de cálcio no crescimento, estabilidade da membrana e absorção de nutrientes de plantas de tomate cultivadas sob stress salino, Environ. Exp Bot 59: 173-178.
107. Van Horn, M. 1995. Compost production and utilization, a growers' guide. Departamento de Alimentação e Agricultura da Califórnia, Universidade da Califórnia. Publicação 21514. 17 pp.

108. Yardim, E., Arancon, N., Edwards, C., Oliver, T e Byrne, R. 2006. Supressão das populações e danos do caruncho do tomateiro (Manducaquinquemaculata) e dos escaravelhos do pepino (Acalymmavittatume Diabotricaundecimpunctata) por vermicompostos. Pedobiologia, 50, 23-29.

109. Zarela, O., Salas, S. e Sánchez, M. 1993. Manual de lombricultura en trópico húmedo. Instituto de Investigaciones de la Amazonia Peruana, Iquitos, Pucallpa. P. 53. Disponível em: Acessado em setembro de 2013.

110. Tarango, Z.R. 2000. A matéria orgânica no solo [online] In: Abonos orgánicos y plasticultura. Disponível em: http://www.smcs.org.mx/pdf/libros/abonos_org.pdf. [Acedido em: 12 de junho de 2012].

MIX
Papier aus verantwortungsvollen Quellen
Paper from responsible sources
FSC® C105338

Printed by Books on Demand GmbH, Norderstedt / Germany